Shampoo & Treatment

대한미용교육연구회 지음

– 집필진 –

전선정 · 유경원 · 강미영 · 곽형심 · 권태신 · 김미강 · 김미선 · 김미정 · 문승현
안현경 · 유현주 · 윤복연 · 윤수용 · 이대천 · 이부형 · 이수경 · 이혜정 · 이효숙
장미라 · 전현진 · 정년구 · 정숙희 · 장미여 · 하성현 · 황 현

CHUNG-KU Publisher

머 리 말

한국의 미용시장은 헤어기기와 제품의 발전으로 인해 급속도로 성장하게 되었고 다양한 헤어스타일을 위한 펌과 염색 못지않게 모발케어 시장도 눈부시게 성장하였다. 그동안 모발의 영양이란 측면에서 손상모의 회복 또는 재생이라는 용어로 시술해왔지만 고객의 신뢰도는 모발케어 시장처럼 정비례하지 않았다. 이미 손상된 모발은 회복하기가 매우 어려우며 퍼머넌트 웨이브 시술시 모발의 탄력성이 현저히 떨어져 고객의 만족도를 기대할 수 없다. 그러므로 모발의 구조와 손상과정을 이해하여 고객에게 모발·두피관리에 대한 정확한 정보를 전달하고 이해시켜야 한다. 그리고 헤어살롱에서 모발관리를 단독으로 하는 경우와 펌과 염색이 트리트먼트와 연결하는 부분의 중요성도 커지고 있다. 따라서 모발건강을 빼놓고는 화학적 시술이 어려울 만큼 중요한 부분이 되었고 두피모발관리사의 역할도 매우 중요하게 자리매김 되고 있다. 이제는 모발·두피관리는 선택이 아닌 필수가 되었다.

모발·두피관리 시술과정 중 가장 중요한 역할을 하는 샴푸와 트리트먼트 시술 시에는 수많은 제품과 테크닉으로 전처리와 후처리과정을 통해 건강한 모발·두피로 관리해 주어야 한다.

본 교재는 모발학, 샴푸와 린스, 모발관리, 두피관리의 네 개 분야로 구성되어 헤어살롱에서 작업할 때의 필요한 지식을 담고 있다. 이 교재를 활용하는 방법은 다음과 같다.

첫째, 미용사가 처음에 반드시 알아야 할 모발에 관한 지식부터 가장 기본이 되는 샴푸방법이 수록되어 있으므로 교재를 공부하면서 전문가의 조언에 따라 반드시 여러 번 반복 숙달하길 바란다.

둘째, 모발의 물리·화학적 특성을 이해하고 모발의 종류별 특징을 헤어샘플을 이용해 모발 진단기로 촬영해 보는 것이 효과적이다.

셋째, 모발관리의 본질은 유효한 제품을 모발에 적합하게 사용해야 하고 화학적으로 손상된 모발에 천연성분으로 관리해보는 응용력을 길러보는 것도 하나의 방법이다.

마지막으로 본 교재에 나와 있는 제품뿐만 아니라 여러 가지 다양한 제품의 성분과 효능을 비교하고 직접 시술을 통해 관리능력을 키워 가길 바란다.

이 책이 출간된지 어느새 15년이 되었다. 그동안 끊임없는 수정 · 보완을 통해 거듭나고 있지만 항상 아쉬움은 언제나 남아 있다. 이러한 점들은 앞으로 지속적인 수정 · 보완해 나갈 것을 다짐하며 이 작은 책자가 학생들이나 미용인들이 모발의 건강과 미적가치를 완성시켜나갈 수 있는 지침서가 되길 희망해 본다.

끝으로 이 책이 3번째 개정판으로 출간될 수 있게 애써주신 청구문화사 이상태 사장님과 임직원 일동에게 깊은 감사를 전한다.

2015년 여름

저자 일동

CONTENTS

CHAPTER 4 두피관리 / 141

부 록 / 167

Shampoo & Treatment

CHAPTER 1

모발학

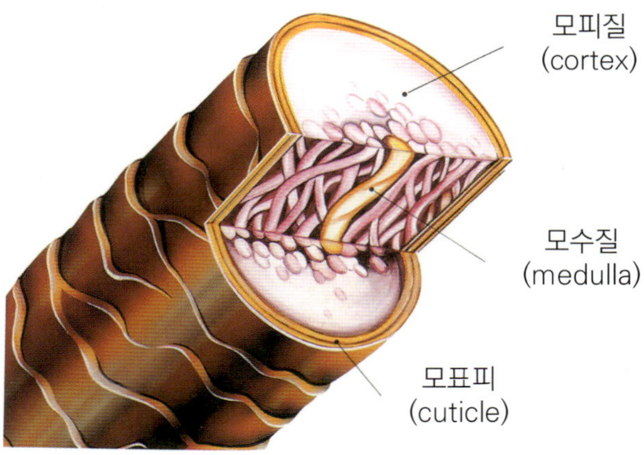

CHAPTER 1
모발학

1. 모발의 개요

모발(hair)은 포유류 특유의 피부 부속기관으로써 피지선이나 한선과 함께 태아의 발육과 동시에 발생한다. 따라서 모든 피부의 발생에 따라 생겨나 각화현상이 진행되어 한 가닥의 헤어로 형성되는 것이다. 헤어의 발생은 모체에서 잉태된 후 9~12주경에서부터 시작된다.

헤어는 체표면을 보호하는 역할, 즉 한냉, 마찰 등을 막는 역할을 하고 촉각을 전달하며 외부자극에 민감하게 반응하는 보호의 기능, 예를 들면 눈썹은 땀이 눈 속으로 들어가는 것을 방지하고 코털, 귀털, 속눈썹 등은 먼지나 벌레가 들어가는 것을 막아 주는 역할도 한다.

헤어는 거의 전신을 덮고 있으며, 헤어가 전혀 없는 곳은 손바닥, 발바닥, 손·발가락의 굴곡진 부분, 입, 입술, 귀두, 젖꼭지, 소음순 등의 부위로 한정되어 있고 제2차 성징에 관계되며 장식의 역할도 한다. 그밖에도 모발은 머리를 따뜻하게 해주고, 외부 충격이나 자극에 대해 완충역할을 해주고, 자외선으로부터 피부 손상을 막아준다. 개성이 중요시되는 요즘은 개인의 장식기능이 모발의 주요기능으로 점차 강하게 대두되고 있다.

헤어에 대하여 연구하는 학문을 모발학(trichology)이라 하며, 미용전문가를 Professional Cosmetologist라 부른다. 특히 미용전문가에게 가장 큰 영감을 주는 인체와 헤어에 대한 기술적인 지식과 이론을 모발학을 통해 함께 익힐 수 있다는 것은 미용전문가 스스로의 행복을 인지시키는 긍지와 함께 삶의 참 가치를 부여시킬 수 있는 중요한 것이다.

많은 인종처럼 헤어스타일(hair style) 역시 사람들의 개성에 따라 각양각색이다. 그러므로 미용전문가가 헤어스타일을 구사할 때에는, 인체에 유해하거나 적절하지 못한 제품을 사용하거나, 올바르지 못한 시술로서 헤어의 구조를 손상시킬 수 있는 제반 문제들을 헤어에 대한 분석과 지식을 통해서 해결해야 한다. 아울러 고객의 모발 질을 보다 향상시키기 위한 지식과 재치 있는 손질법을 익힘으로서 헤어의 건강과 아름다움을 유지시키고자 하는 끊임없는 관심 그 자체가 전문가로서의 기본 자세이다.

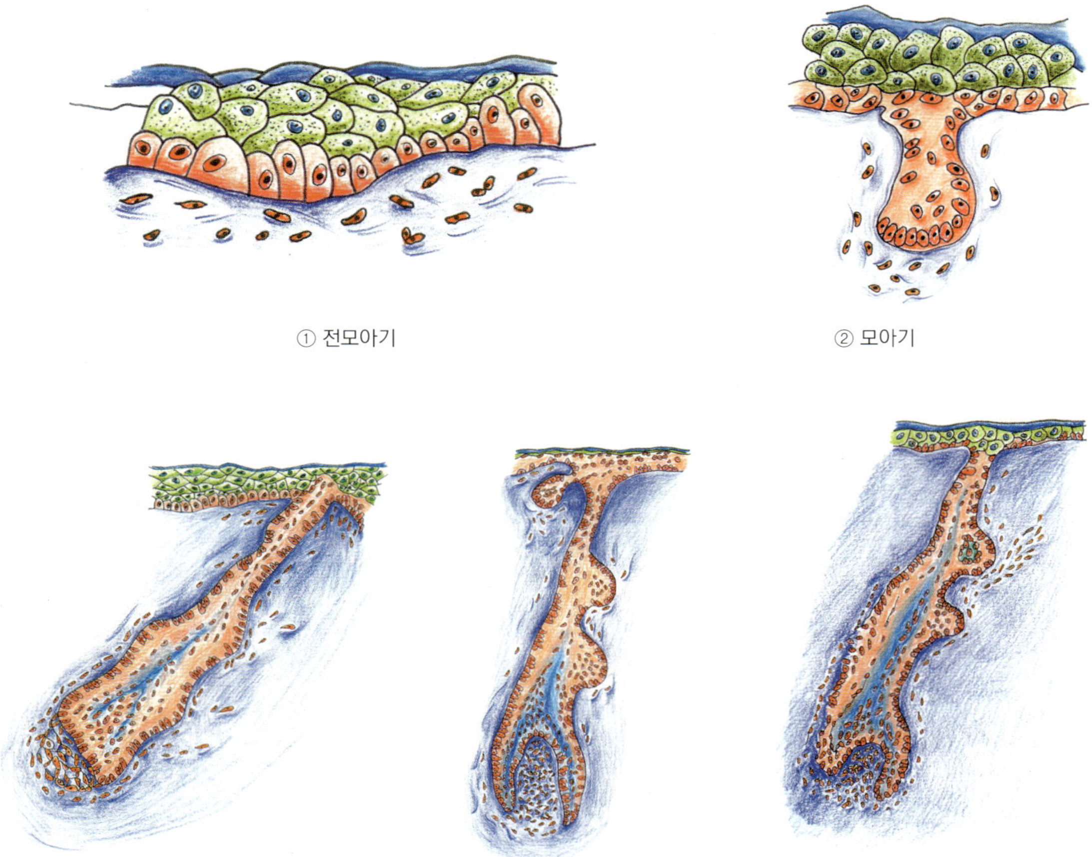

① 전모아기 ② 모아기

③ 모항기 ④ 모구성 모항기 ⑤ 완성 모낭

그림 1-1 **모발의 발생**

2. 모발과 두피의 구조

출생시 태모(lanugo hair)는 자라나는 부위에 따라 길이나 굵기가 다르며 억센 털인 경모(terminal hair)와 잔털인 연모(downy hair)로 구분된다.

경모는 올이 굵고 강하며 대부분은 우리가 잘라내는 부분을 말하는데 이는 다시 장모(long hair)와 단모(short hair)로 구분되며 두발, 수염, 겨드랑이털 등은 장모에 속하고 눈썹, 속눈썹, 코털과 같이 0.5~1.3cm 정도의 것은 단모라고 한다.

연모는 굉장히 가늘고 솜털 같은 것으로 손바닥과 발바닥을 제외한 우리 몸의 대부분을 덮고있는 털을 말한다. 연모는 사람 특유의 것으로 길이는 1.4cm를 넘지 않으며 가끔은 제2차 성징이 나타날 때부터 발생부위에 따라서 경모로 변하기도 하는데 음모, 겨드랑이털, 수염, 코털, 가슴털 등이 이에 속하고 주로 생식선의 발육에 따라 변화가 일어난다.

1) 모발의 구조

모발과 그 주위의 구조를 살펴보면 표피는 모발이 외부로 나오기 시작하는 부분, 즉 피부를 뜻하며, 모발은 두피 속의 모근과 두피 밖으로 나와 있는 모간으로 나누어진다.

(1) 모근(hair root)

① 모근의 구조

ⓐ 모유두(hair papilla)

모유두는 모낭 끝에 있는 작은 말발굽 모양의 돌기조직으로 피부의 유두에 해당되며 모세혈관과 연결되어 모구에 산소와 영양을 공급하고 모발의 형성을 주관하는 특수하고 작은 세포층이다.

ⓑ 모구(hair bulb)

모구는 모유두의 윗부분으로 전구모양을 하고 있으며 내부는 모질 세포와 멜라닌 세포로 구성되어 있다.

© 입모근(기모근, arrector pili muscle)

모냥벽에 붙어 있는 작은 근육으로 긴장이나 충격에 의한 수축시 헤어가 수직으로 일어나며 피지를 분비하는 섬유다발로 이루어진 평활근을 말한다. 눈썹, 속눈썹, 코털, 겨드랑이털 등에는 기모근이 없다.

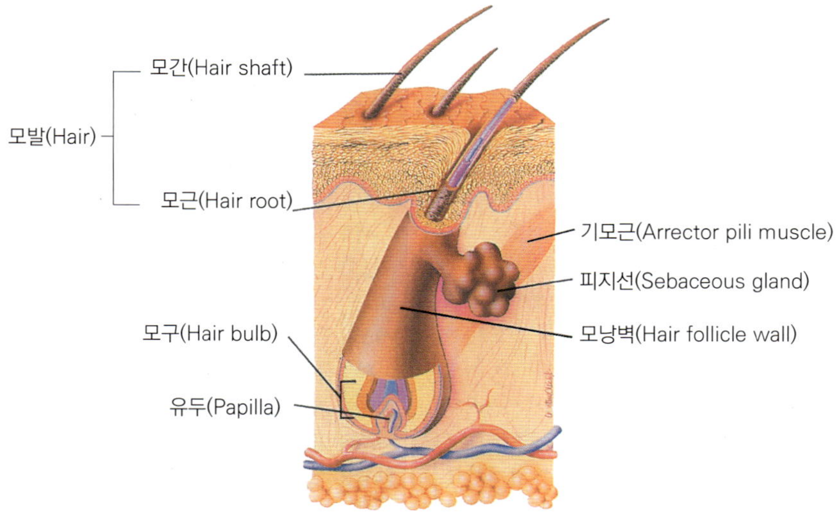

그림 1-2 **모근부의 구조**

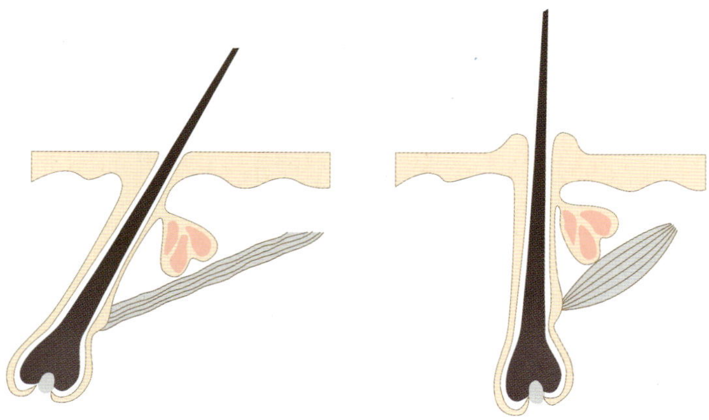

a. 평상시의 형상

b. 기모근이 경직되면 모발이 직각으로 곤두서며 모공이 융기한다.

그림 1-3 **입모근과 소름현상**

ⓓ 모낭(hair follicle)

작고 긴 관모양으로 피부 안쪽으로 움푹 들어가 모근을 유지시켜주는 내, 외층의 피막이다.

② 모근과 관련된 구조

ⓐ 피지선(sebaceous gland)

손, 발바닥을 제외한 전신의 피부에 존재하는 피지선은 신체부위에 따라 크기, 형태, 분포도 등이 다르다. 안면에는 평균 800개/cm^2이며 팔, 다리의 사지에는 50개이다. 피지선이 많은 부위는 헤어가 있는 부분과 얼굴 앞면, 등 부분, 음부, 겨드랑이(액와) 등이다. 피지선을 구성하는 피지선 세포는 미분화된 기저세포로부터 기름방울을 생성하는 세포로 분화되며, 최종적으로는 사멸해서 피지를 분비한다.

피지선은 여성보다 남성이 크고 피지량도 남성이 많다. 태아 및 신생아의 피지선은 기능이 미약하나 사춘기에 이르면서부터 성호르몬의 영향으로 기능이 항진되다가 나이가 들면 다시 피지선의 기능은 저하된다. 사춘기 초에는 여성의 피지분비가 많으나 그 후에는 남성이 많아진다. 여성의 경우 폐경기 후에 피지분비가 많이 감소되나 남성의 경우에는 별 변함이 없다. 피지선의 활동은 호르몬의 영향이 크며, 특히 남성호르몬은 피지선을 비대시켜 지질합성을 증가시킨다.

기모근은 모근에 부착된 평활근으로 자율신경에 의해 지배된다. 기모근의 수축에 의해서 모간의 털이 서면 동시에 한선과 피지선이 압박되어 진땀과 피지의 배출이 촉진되는 작용을 한다.

ⓑ 한선(sweat gland)

땀을 분비하는 땀샘을 한선이라고 하며 에크린선(eccrine sweat gland)과 아포크린선(apocrine sweat gland)이 있다. 발한 작용은 기화열을 가로채서 체온을 저하시키는 역할과 고온 환경 또는 격한 운동에 의한 체온상승을 억제시키는 역할을 한다. 에크린선은 전신에 약 230만개 정도가 분포하며 한시간에 1ℓ 이상 하루에 10ℓ의 땀을 분비한다. 특히 머리, 전액부(겨드랑이 앞면), 손바닥, 발바닥 등에 많다. 이는 가늘고 둥근 관 모양으로 진피의 아랫부분 또는 피하조직 내에 있으며, 진피와 표피를 통과하는 도관을 통하여 몸의 표면으로 연결되어 있다.

한선의 분비물(땀)은 약산성으로 세균의 번식을 억제시키며, 주요성분인 NaCl 이외에도 요소, 유산, 황화물, 암모니아, 요산, 크레아틴, 아미노산 등을 함유한다.

자율신경의 지배를 받으며 나이가 들어감에 따라 구조가 흐트러지고 분비세포가 위축되어 땀의 분비가 감소된다. 아포크린선은 털이 있는 부분과 액와상(겨드랑윗쪽), 음낭, 대음순, 항문주위 및 젖가슴 주변에 존재하며 피지선과 함께 모낭에 연결되어 모공을 향해 열려져 있다. 남성보다 여성이 많으며 황색인종보다 백인이, 백인보다 흑인이 많다.

(2) 모간(hair shaft)

모간은 두피 표면 위에 드러나는 모발부위이다. 일반적으로 모발의 횡단면에는 3개의 서로 다른 형태의 세포가 관찰된다. 최외층의 세포는 모표피(cuticle)로 모발섬유의 대부분을 차지하고 있는 모피질(cortex)을 감싸고 있으며 모수질(medulla)은 모발의 중심부이다.

① 모표피(cuticle)

모표피는 모간의 가장 외측부분으로 케라틴(keratin)이라는 경단백질로 구성되어 있으며, 인모섬유의 10~15%를 차지하고 있다. 모표피는 모발의 표면을 보호하고 모발 내부인 cortex를 둘러싸고 있는 화학적 저항이 강한 최외각층으로서 판상으로 겹쳐진 비늘상의 세포로 되어 있고 무색 투명하다.

이들 각 세포는 두께 약 0.5~1Å, 길이 약 80~100Å이다. 일반적으로 인모(人毛)의 큐티클은 5~15매이고 양모(羊毛)의 큐티클은 1~2매의 판상 모양으로 겹쳐져 있다. 큐티클의 겹쳐짐(紋理)은 어떤 동물인가를 알아낼 수 있으므로 범죄수사나 유전자의 진위를 알아내는데도 이용되고 있다.

Cuticle세포는 두께 50~250Å의 얇은 막으로 모발의 외측을 구성하며 화학적 저항력이 강한 층이다.

ⓐ 상표피(cuticular scale)

포유동물의 헤어표면은 두께 약 25Å의 상표피라 불리는 얇은 막으로 둘러싸여 있는데, 상표피는 세포간충물을 함유한 세포막복합체이며 단백질과 지방산 20~30%를 함유하고 있기 때문에 염소수로 처리하면 섬유의 표면에 막이 형성된다는 것을 Allworden이 관찰하였다.

염소수는 상표피 아래에 있는 간충물질인 단백질을 분해해 수용성의 물질을 형성하지만, 이것은 상표피의 반투막 바깥으로 확산되지 않고 침투압에 의한 팽윤이 일어나는 특유의 알웨딘 반응이 발생한다.

상표피막은 여러 가지 모표피 세포로 둘러싸여 있으며 연속된 외관을 나타내고 있는 상표피와 세포간충물질을 함유한 세포막 복합체이다.

1매의 모표피는 3겹의 상표피와 세포간충물질로 이루어져 있다. 따라서 cuticle 세포도 3겹의 층으로 나누어진다. 섬유 외측에서부터 cystine함량이 많고 화학적 저항성이 높은 층인 에피큐티클(epicuticle)과 중간층인 엑소큐티클(exocuticle) 그리고 내측에서 cortex와 인접해 있는 엔도큐티클(endocuticle)로 되어 있다.

가. Epicuticle

두께 10mμ 정도의 얇은 막으로 수증기는 통하지만 물은 통과할 수 없는 아주 미세한 부분으로서 다당류, 단백질 등이 견고하게 결합되어 있어 산소와 화학약품에 대한 저항이 가장 강한 반면, 기계적인 작용을 받으면 쉽게 손상된다.

나. Exocuticle

부드러운 케라틴질의 층으로 시스틴(cystine)이 포함되어 있고, permanent wave제와 같은 시스틴 결합을 절단시키는 약품에 작용을 받기 쉬운 층이다.

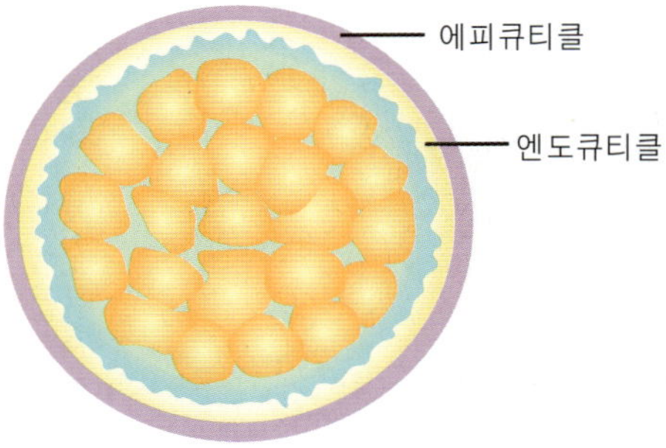

그림 1-4 **에피큐티클과 엔도큐티클**

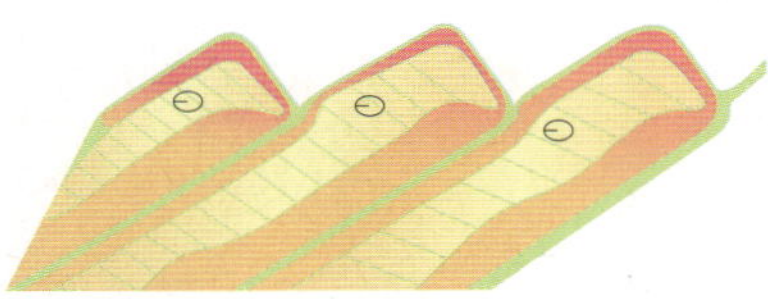

그림 1-5 **엑소큐티클**

다. Endocuticle

시스틴 함유량이 적기 때문에 시스틴을 절단하는 약품에 대해서는 강하지만 단백질 침식성의 약품에 대해서는 약한 층이며, 모표피 세포의 사멸된 핵이 있는 부분이다.

이층의 내측면은 양면 점착 tape과 같은 CMC(세포막 복합체; cell membrane complex)층으로, 인접한 모피질을 밀착시키고있다. H_2O, permanent wave제와 hair coloring제 등과 같은 화학제의 침투경로인 모표피의 엑소큐티클과 CMC의 틈은 중첩되어 있고 미세하기(5~6Å) 때문에 큰 분자는 침투할 수 없으나 산이나 알칼리에 의해서 팽윤, 연화되어 틈이 생기면 보다 큰 분자도 침투할 수 있다.

ⓑ 세포간 물질(ground substance)

세겹의 상표피를 접착시켜 주는 세포간 물질의 두께는 약 400~600Å이다. 세포막 복합체를 구성하는 복합층은 대부분 확인되어 있으며, 가장 중요한 중심부의 α층은 약 100Å 두께를 가진다. 이 α층에 둘러싸인 세포간 접착물질의 두께는 약 50Å이다.

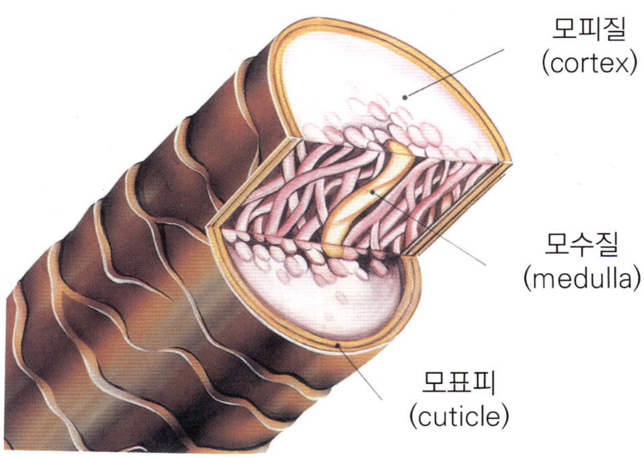

그림 1-6 **모발의 구조**

Alexander와 Earland는 세포막 복합체를 과기산에 의한 섬유의 산화로 분리하는데 성공하였다. 이 방법으로 분리된 복합체를 β-Keratin이라 부르며 섬유전체의 약 10%가 된다. 세포간 복합체는 특히 신축성이 좋고, 세포내 물질과는 화학 반응성이 서로 다른 것이 특징이다. 이 복합체는 모표피의 세포내 단백질보다도 쉽게 단백질 분해효소에 의해 분해된다.

② 모피질(cortex)

인모섬유의 대부분인 85~90%를 차지하고 있으며, 피질세포(결정영역)와 세포간 결합물질(matrix, 비결정영역, 간충물질)로 되어 있다. 모발의 가장 중요한 부분으로서 모발의 강도, 탄성, 유연성, 성장의 방향, 굵기, 질 등을 나타내며 모발의 성질을 결정한다.

모발의 색상(color)은 모피질(cortex)내부의 염색소(pigment)에 의해 좌우되며, 웨이브(wave)의 형상 또한 모피질의 물리적 상태에 따라 강, 약으로서의 탄성이 조절된다. 모피질의 물리적 구조(physical structure)는 수백만 개의 단단한 케라틴(keratin) 섬유가 서로 엉켜 모발의 굵기를 형성하고 있으며, 아미노산의 다중결합(polypeptide)구조를 하고 있다.

ⓐ 결정영역(피질세포)

길이 약 100Å, 두께 1~6Å, 직경 2~6Å 대칭적인 피질로 되어 있으며 결정성이 높은 섬유성 성분과 배향성이 낮은 비섬유성 성분으로 구성되어 있으며 결정성과 비결정성의 성분비율은 거의 같다.

결정영역은 매크로필라멘트(macrofilament)라고 불리는 방추형을 한 섬유상 다발로 이루어진 구조로서 개미산 중에서 진탕하거나 산소 digest에 의해 분리가 가능하며 핵의 잔사, 색소 과립으로 구성되어 있다.

핵의 잔사는 세포의 중심부근에 있는 가늘고 긴 공동을 말하며, 색소 과립은 직경 약 0.2~0.8Å 내의 둥글거나 구상의 입자로 피질세포 사이에 분산되어 있다. 긴 polypeptide가 규칙적으로 배열되어 있는 섬유의 다발(속)로 결합되어 있고, 수소결합이 강한 부분으로서 화학반응을 일으키기 쉬운 영역이다.

가. 매크로필라멘트(macrofilament, MF)

직경(폭)이 0.1~0.8Å로 피질세포의 대부분을 점하고 있으며 각 필라멘트는 고도로 조직화되어 있는 섬유상 성분으로 마이크로필라멘트(microfilament)와 이들을 둘러싸고 있는 그다지 조직화되어 있지 않은 간충물질(matrix)로 되어 있다.

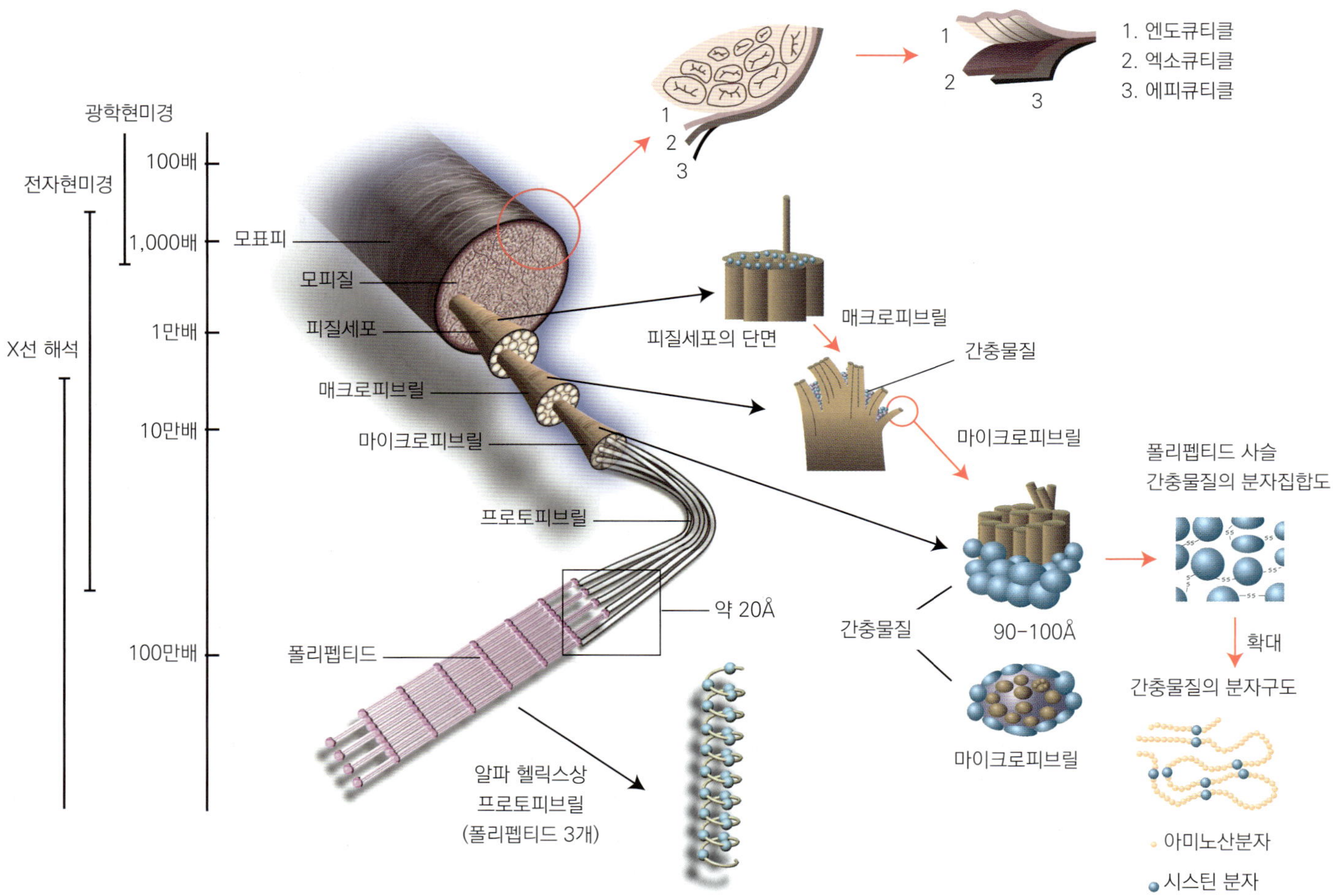

그림 1-7 모발의 미세구조

나. 마이크로필라멘트(microfilament)

Macrofilament는 microfilament라는 보조 섬유로 되어있며 나선상으로 늘어서 있다. 각 나선, 즉 macrofilament의 반경은 약 1,000~4,000Å이며 직경은 약 70Å이다.

다. 프로토필라멘트(protofilament)

마이크로필라멘트의 내부구조에 대해서는 아직 정확한 조직이 밝혀지지 않았지만 2개의 마이크로필라멘트를 핵으로 그 주변을 9+2의 모형으로 프록토필라멘트가 둘러싸고 있다.

라. α- Helix 구조

9+2의 배열을 가진 이중 coil형태가 짧은 α-Helix(α-나선)구조는 황의 함량이 적은 단백질로서 이를 구성하는 subunit(생체 입자인 고분자를 이루는 기본단위)는 단백질인 polypeptide쇄이다. 아미노산 잔기간의 거리는 1.5 coil로 반복거리는 5.1Å, 각각의 α-Helix의 중심에서 중심까지의 거리는 9.8Å, 즉 3.7개의 amino acid 잔기에 해당한다.

H_2O는 keratin 섬유의 광각 X선회절강도에 대해서는 거의 영향이 없으나 물 속에서 늘이면 α-Helix에 해당하는 회절강도가 감소하여 β-keratin(zigzag상)이라 불리는 형태가 생긴다. 즉 섬유축(Z축)에 따라 3.31(Y축)에 4.65(X축)에 0.8Å이 회절된다. 이러한 회절현상은 분자구조로 설명이 된다. 1회전 당 약 4개(정확히 3.7개)의 amino acid가 들어가서 peptide사슬이 나선모양으로 꼬여진 구조를 이룬다. 또한 β-구조는 두 가닥의 polypeptide 사슬이 서로 가까이 있는 곳, 또는 polypeptide 사슬이 U-turn하고 있는 곳에 나타난다. 이 구조는 사다리형이라기 보다는 peptide사슬이 입체적으로 주름위로 늘어진 병풍구조(pleated sheet strueture)이다.

이와 같은 구조, 즉 polypeptide를 안정하게 유지시킬 수 있는 것은 주쇄의 가운데 혹은 인접된 주쇄간의 결합이 O과 H간의 인장력에 의한 결합인 수소결합(hydrogen bond)이며, -NH와 OH기 CO의 O과 N의 N에 끌려서 NH …… OC와 같이 약한 결합을 만든다.

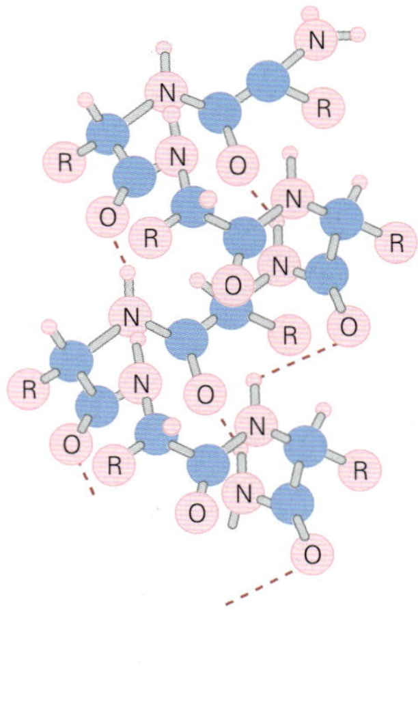

(O, 탄소 ======= 수소결합)

그림 1-8 **a-Helix 구조**

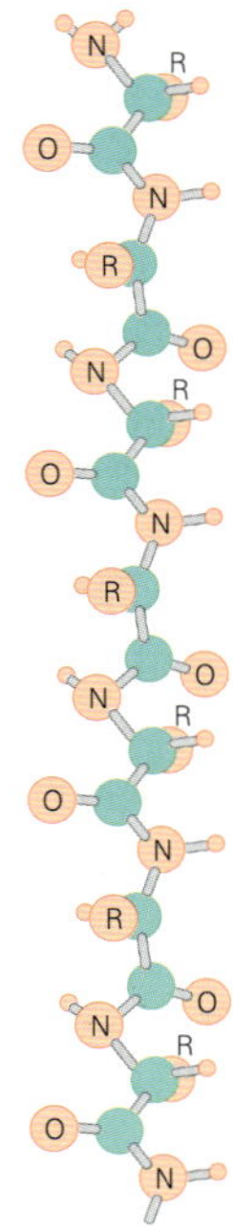

그림 1-9 **B-helix 구조**

아미노산의 잔기의 곁사슬은 몇 종류의 수소결합을 만들며 α-Helix 및 β-구조를 안정화시키는 수소결합은 peptide결합을 이루고 있는 CO와 NH의 사이에 형성된다. 두 구조 역시 peptide결합의 결합각이나 결합거리에 무리가 가지 않도록 될 수 있는 한 많은 수소결합을 형성하고 있다.

α, L-amino acid로 구성된 천연단백질의 9-Helix는 오른쪽으로 꼬이는 구조를 이루고 있으며, 수소결합은 하나의 CO=O과 4번째의 amino acid잔기인 NH 사이에 형성된다.

불규칙한 구조(무작위 구조라고도 함)는 순간적으로 모양이 바뀐다는 의미가 아니라, α-Helix나 β-구조와 같은 규칙성이 나타나지 않는다는 의미이다. 즉 단백질이 쉽게 변하지 않는 일정한 일정불변 구조를 이루고 있다면, 3차 구조는 불규칙 구조로 되어 있다고 할 수 있다.

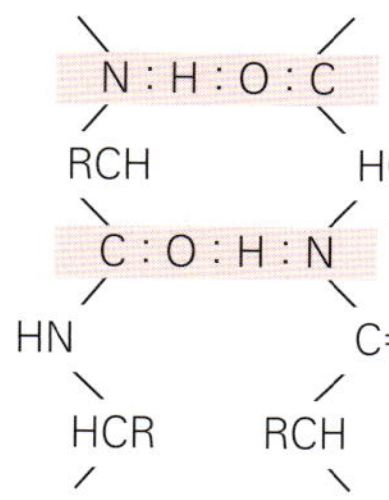

수소결합

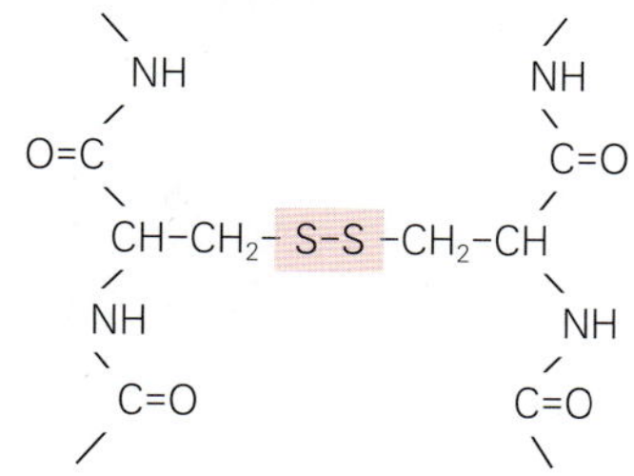

-S-S-결합

그림 1-10 **단백질의 분자내의 2차적 결합**

α-Helix나 β-구조는 규칙성을 지니고 있지만, 단백질 분자의 전체구조 속에서 차지하는 비율이 적기 때문에 찾기 어려우나 특별한 예로서 myoglobin은 α-Helix 양이 매우 많다. 이와 같은 2차 구조는 단백질 결정을 X-선 해석을 함으로써 밝힐 수도 있고, 선광분산이나 단편광 이색성의 측정으로도 추정할 수 있다.

한편 polypeptide 사슬 위에서 떨어진 위치에 있는 2개의 cystine 잔기가 cystic 잔기로 되어 가교결합(cross-linked bond)을 형성한다. 이를 disulfide 결합 또는 S-S결합(ester 결합)이라고도 하며, 이것 역시 2차 구조의 일부이다.

마. polypeptide

모발의 keratin은 18종류의 아미노산(amino acid)이 peptide 결합을 순차적으로 반복해서 긴 사슬 모양이 된 polypeptide로 구성되어 있다. 아미노산 R_1의-COOH(carboxyl기)와 별도의 아미노산 R_2의 NH_2(amino기)가 가수분해(+H_2O)되어 -CO-NH-로 연결된다. 이 -CO-NH-의 결합을 펩타이드 결합(peptide bond)이라 부른다. 이 결합이 서서히 반복되어 사슬모양으로 길어지는 것 중에서 아미노산 100개 이하, 분자량 1만 이하를 polypeftide라고 하고, 분자량 1만 이상의 수백만의 고분자화합물을 단백질이라고 한다. 단백질을 이루고 있는 아미노산의 R_1, R_2, R_3······의 원자단을 측쇄라고 부르고 있다.

Keratin의 polypeptide(주쇄)는 지그재그형의 나선상으로 둘러싸인 α-keratin으로서 늘어뜨리면 β형이 된다. α에서 β로 전위되면 그 길이는 2배가 된다. β형 keratin으로 늘어뜨린 것에서 힘을 빼면 원상태의 α형이 된다. 결국 polypeptide는 아미노산과 단백질의 중간구조를 갖고 있다고 할 수 있다.

바. peptide

단백질과 peptide에서 아미노산 잔기간의 amide결합을 peptide결합이라고 한다. 즉 한 아미노산의 α-carboxyl기와 다음 아미노산의 α-amino기 사이에서 1mol의 물(H_2O)이 제거되면서 -C-CO-NH와 같이 결합된다. 이와 같이 2개 이상의 아미노산이 peptide 결합에 의하여 결합된 것을 peptide라 한다.

Peptide는 peptide 결합한 아미노산의 수에 따라서 2~10개인 것을 oligopeptide, 10~50개인 것을 polypeptide, 그리고 50개 이상인 것을 단백질이라고 한다. 절대적인 기준으로서는 볼 수 없지만 이러한 단백질 및 peptide를 구성하는 물질의 종류에 따라 아미노산만으로 된 것을 homopeptide라고 하며 비아미노산 성분만을 함유한 것을 heteropeptide라고 한다.

단백질의 1차 구조를 이루는 결합은 amino acid끼리 이어진 peptide bond 이다. 이것은 C와 N이 서로 전자를 공유하는 공유결합(Covalent bond)을 이루고 있으며 또한 이 결합은 이중결합성을 갖고 있으므로 가열이나 묽은산 또는 묽은 알칼리처리에 의해서도 끊어지지 않을 만큼 강하다.

단백질의 구성단위인 아미노산은 매우 적은 양이지만 모든 세포에 들어 있으며 또한 단백질의 전구물질이다. 일반적으로 모발의 단백질을 가수분해하면 약 18종의 아미노산을 얻을 수 있다. 그러므로 결국 모발의 구성물질은 18종의 아미노산으로 이루어졌다고 말할 수 있다.

사. 아미노산

Hair의 단백질을 구성하는 주요 아미노산은 글리신, 알라닌, 바린, 루이신, 이소루이신, 트레오닌, 세친, 시스테인, 시스틴, 메티오닌, 아스파라긴산, 글루타딘산, 티로신, 리이신, 아르기닌, 히스티딘, 페닐 알라닌, 트립토판, 프로닌 등이다. 일반적으로 아미노산은 백색결정으로 비교적 안정된 물질이며 녹는 점이 높으나 분해가 수반되므로 정확히 녹는 점을 밝혀 내기는 어렵다.

아. 간층물질(matrix or C-keratin, 측쇄결합)

섬유의 간층물질로서 세포간 매장물이라고도 한다. S(황)의 함량은 다른 부분 또는 섬유전체보다도 간충물질에 많이 포함되어 있으므로 시스틴 함량이 높다.

ⓑ 비결정영역

간충물질의 keratin은 짧은 polypeptide주쇄로써 분자가 불규칙하게 구부러져 엉켜있어 실밥을 손으로 뭉친 듯한 상태, 즉 tandem coil상의 불규칙한 배열로 되어 있으며, cystine 함유량과 측쇄가 긴 염결합이 많으므로 부드럽고 화학작용을 받기 쉬운 구조로 되어 있다. 또한 구성하고 있는 비결정영역인 keratin분자의 크기는 결정영역인 섬유부분 keratin분자의 1/8정도다.

Matrix 부분에는 황성분이 약 12% 정도로 많기 때문에 전자현미경을 이용하여 미세구조의 형상을 밝힐 수 있으며 자르기 전에 모발을 환원하고 사산화 **오스미움**(Osmium)으로 처리하면 matrix부분이 강하게 염색되므로 비교적 염색이 되지 않은 마이크로 filament 부분이 명확하게 보인다.

이 2개의 영역상태(결정, 비결정영역)에 따라서 모질의 화학적, 물리적, 역학적인 성질이 크게 변화한다. 특히 비결정영역의 간충물질은 손상을 받기 쉽기 때문에 모질 손상의 최대원인이 되는 부분이다. 모발에 한정하지 않고 다른 섬유에 있어서도 단단한 섬유부분을 결정영역이라 부르며 섬유의 강도를 나타내며, 간충물질과 같이 유연한 부분을 비결정영역이라 부르고 섬유의 탄성과 약한 성질을 나타낸다.

간층물질(Matrix) : 미크로피브릴간, 피질세포사이를 메우고 있는 물질 = 케라틴C (측쇄결합)
간층물질 : 모피질 내 섬유단백질 사이를 매우는 물질
오스미움(Osmium) : 제8족 은청색 백금족금속

가. 염결합(Coulomb force or salt linkage $-NH_3^+$ OOC-)

Lysine($CH(CH_2)_4-NH_3^+$)또는 arginine잔기의(+)로 하전된 암모니움이온과 aspartic acid(-OOC-CH_2-CH) 잔기의 (-)로 하전된 carboxyl 이온간의 정전기적인 결합으로 pH 4.5~5.5(등전점, 등전대, 등전가)일 때 결합력이 최대가 된다. J.B. Speakman의 역학적 측정에 의하면 이 결합은 keratin 섬유 강도에 약 35%정도 기여하며 산이나 알칼리에서 쉽게 파괴된다고 한다.

나. 펩타이드 결합(Covalent peptide or ester linkage -CO-NH)

Glutamic acid [$CH(CH_2)_2$-CO-NH-]잔기의 -COOH와 lysine [$CH(CH_2)_4$-NH]잔기에서 NH_2에서 H_2O가 제거되어 -CO-NH가 연결된 결합으로 상당히 강한 결합이다. 규명되지는 않았으나 모발의 keratin내에 존재하는 3가지 amino acid기 사이에 결합력이 있다고 추정한다.

다. 시스틴 결합(Covalent disulfide linkage or disulfide bond)

이 결합은 유황을 함유한 모발의 특징을 나타내는 permanent wave를 형성시킬 수 있는 특유의 단백질로서 다른 섬유에서는 볼 수 없는 측쇄결합으로 이루어져 있다. 모발 keratin의 특징을 나타내는 결합으로서 keratin내의 4 cystine에 의해 존재하며 이 결합이 파괴되면 섬유가 약해져 탄력성이 없어진다. 일반적으로 permanent wave를 형성시키는 기본적인 개념은 모발 keratin중의 cystine bond를 환원제로 절단시킨다음 rod로서 원하는 wave의 강약을 형성시킨 후, 그 형태를 유지시키기 위해 산화제로 절단된 결합을 본래대로 되돌리고 고정시키는 것이다. 따라서 시스틴 결합은 permanet wave 형성에 있어서 반드시 필요한 결합이다. 다시 말해 permanent wave를 만들어 주는 keratin이다.

라. 수소결합(Hydrogen bond C=O. NH)

Amide기($RCONH_2$)와 그것에 인접한 carboxyl기(-COOH원자단) 사이의 결합이다. 물에 젖은 케라틴섬유는 건조상태에 비해서 쉽게 늘어나는 것은 이 결합이 관여하고있기 때문이라고 할 수 있다.

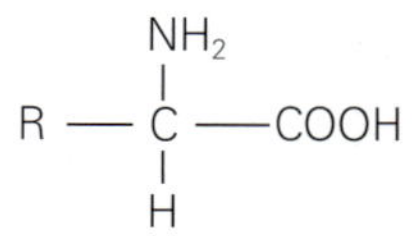

그림 1-11 **α-amino acid**

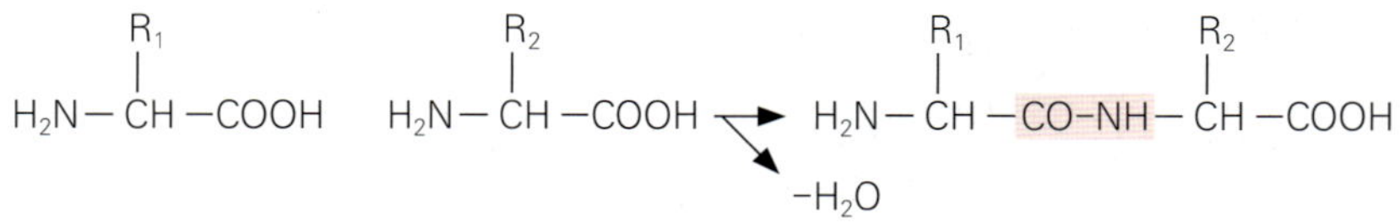

그림 1-12 **peptide 결합**

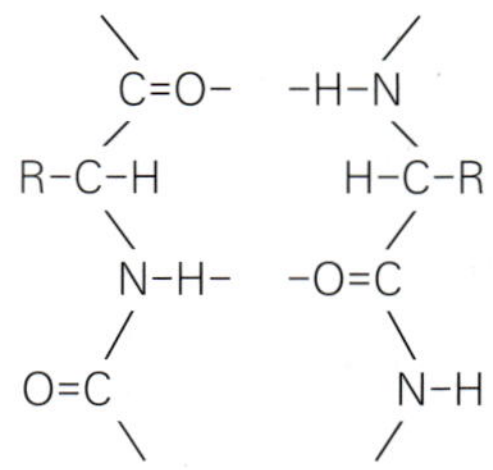

그림 1-13 **peptide bond 사이의 hydrogen bond C=O···NH**

건조한 모발은 젖은 모발에 비해 펴기가 더 어렵다. 모발에 물을 가하여 set를 하고 열을 주어 건조시키거나 그대로 건조시키면 원래대로 돌아가지 않는 set역이 생긴다. 이 현상을 'wet wave'라 부른다. Wave 상태를 지속하다 hair를 shampoo한다거나 water spray하면 wave의 형상은 없어진다. 이는 수소결합에 의해 일시적인 결합의 절단이 형성된다고 볼 수 있다.

마. 소수결합(Vander Waals forces)

내부 원자거리에 따라 변하며 중성원자(분자)간의 약한 인력이다. 이 2개의 영역(결정영역, 비결정영역)상태에 따라서 모질의 화학적, 물리적, 역학적인 성질이 크게 변화된다.

모발단백질의 구조로서 polypeptide사슬 위에서 떨어진 위치에 있는 2개의 cysteine잔기가 cystine잔기로 되어 가교결합(cross-linked bond)을 형성한다. 이를 disulfide 결합 또는 S-S결합(ester 결합)이라 하며, 이 역시 2차 구조의 일부이다.

3차 구조는 주로 소수결합으로 이루어져 있으며 이러한 3차 구조는 2차 구조를 이룬 peptide사슬이 더 엉켜져 있는 형태, 또는 실이 헝클어져 있는 상태로 볼 수 있다. 그 일부에는 α-Helix나 β-구조가 있으나 2차 구조를 포함해서 polypeptide사슬이 입체적으로 안정을 유지하기 위하여 R기 사이에 이온결합, 수소결합, 소수결합 등을 형성하고 있다. 수소결합은 수소를 제공할 수 있는 serine이나 tyrosine 등과 수소(H)를 받을 수 있는 aspartic acid나 glutamic acid 등 β 및 r-carboxyl기 사이에 형성된다. 또한 N-및 C-말단 아미노산은 이온결합을 형성할 수 있다.

소수성 결합은 비극성의 탄화수소 사슬들(alanime, valine, leucine 등의 곁사슬)이나 Benzen고리(tyrosine이나 phenylalanine 등의 곁사슬)를 갖는 R기 사이에 형성된다. 이것을 비극성 상호작용이라 하는데, 극성을 띠는 물 속에 비극성의 기름방울을 넣으면 같은 기름방울끼리 모이는 현상과 비슷하다.

비극성의 R기가 주위에 둘러싸인 물로부터 떨어져 서로 모이는 작용을 일반적으로 소수성 결합이라고 한다. 단백질의 3차 구조는 비극성의 곁사슬이 중심부에 파묻히는 것처럼 되고, 바깥쪽에는 극성의 R기가 둘러싸인 듯한 모양으로 결합을 이루고 있다. 소수성 결합은 입체 구조를 유지시키는데 매우 중요한 역할을 하고 있으며 단백질이 물에 녹는 것은 단백질분자 표면에 물이 접근하기 쉽게 극성기가 노출되어 있기 때문이다.

③ 모수질(medulla)

모수질은 모발의 중심부근에 속이 비어 있는 상태(공동)로 죽은 세포들이 모발의 길이 방향으로 불연속적인 다각형의 형상으로 존재하며, 수질세포는 핵의 잔사인 둥근 점들을 간혹 포함하고 있으나 이의 기능은 잘 알려져 있지 않다. 모수질이 부드러운 keratin을 형성할 때 cuticle과 cortex는 딱딱한 케라틴(hard keratin)을 형성하며 모발의 색소는 여기에서도 발견된다.

2) 두피의 구조

두피는 신체를 감싸고 있으며 다음의 3개의 층으로 구성되어 있다. 두개골 막은 얇고 섬유성이며 뼈에 약하게 유착되어 있다. 이와 같이 피부는 표피, 진피, 피하조직으로 나뉘어진다.

(1) 표피(epidermis)

후두부에서 볼 수 있듯이 외피는 두껍지만 표피(0.3mm~1mm)는 매우 얇다. 표피는 표면에서 각질층, 과립층, 투명층, 유극층, 기저층의 5층으로 이루어져 있다. 기저층의 세포가 분열되어 위로 밀어 올리면, 유극, 투명, 과립, 각질층으로 이동되어 비듬이 되어 떨어질 때까지의 과정을 각화라고 한다.

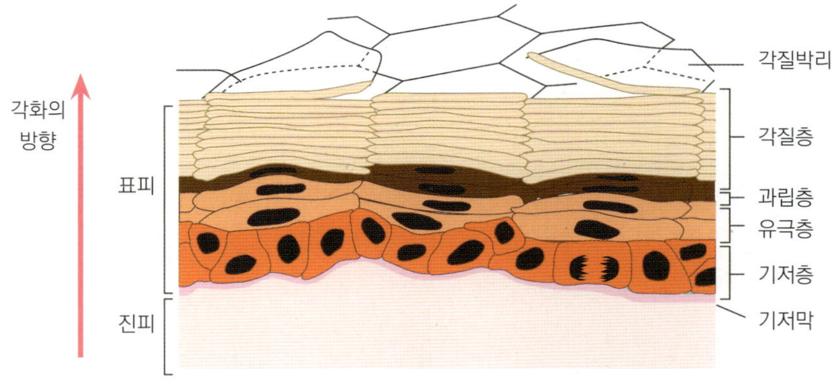

그림 1-14 두피의 구조

일반적으로 기저층에서 각질층에 이르기까지 약 14일간 걸리며 각질층이 되어 떨어질 때까지 약 14일간 걸린다. 이 세포주기가 지나치면 각화 이상이 되어 비듬이 다량으로 생기게 된다.

(2) 진피(dermis)

두개골을 둘러싸고 있는 두피의 90% 정도를 차지하고 표피 아래에 위치하며, 근육과 연결되어 있는 신경조직(결막)이다. 탄력성이 없으며 표피와 함께 외부충격으로부터 두개골을 보호한다.

(3) 피하조직(hypodermis)

진피층 아래의 지방성결합조직층으로 동맥과 정맥이 분포되어 있어 영양공급과 노폐물, 산소와 이산화탄소 교환이 이루어진다. 나이가 들수록 이 조직은 이완되어 두피가 얇아진다. 털은 매우 일찍 나타난다. 태아는 출생 후 6~7주면 눈썹이 만들어지며 다른 털들은 12주 후에 나타난다.

털은 개인에 따라 몸의 부위별로 수명과 성장기간이 다르다.

모발의 수명은 3~10년정도이며 최대 성장가능길이는 1.5m 정도이며 모유두 내에 있는 모기질세포는 골수세포 다음으로 세포분열이 왕성하고 12~24시간 내에 체세포분열에 의해 완성된다. 보통 하루에 0.2~0.5mm 정도 자라며, 하루 중 낮보다 밤에 더 자라고 가을, 겨울보다 봄, 여름에 성장이 빠르다.

3) 모발의 주기

(1) 1단계 : 성장기(anagen stage)

모발이 성장하는 기간이다. anagen 단계는 다시 2단계로 나누어진다. 모발이 모구(hair bulb)에서 생성되어 모낭(hair follicle)으로 나가는 단계와 keratin이 모낭안에서 만들어지는 단계이다. 퇴화기까지 자가성장을 계속한다. 성장기의 수명은 3~6년이며 전체 모발(10~15만개)의 80~90%를 차지하고 anagen 단계에서 두발은 한달에 1~1.5cm 정도 자란다.

음식물, 호르몬(hormon), 비타민(vitamin) 등의 영향에 의해 변화될 수 있다.

(2) 2단계 : 퇴행기(catagen)

성장기가 끝나고, 모발의 형태를 유지하면서 대사과정이 느려지는 시기로서 천천히 성장한다. 이 단계에서는 keratin을 만들어 내지는 않는다.

퇴화기의 수명은 1~1.5개월이며 전체 모발의 1%를 차지한다. 모구부가 수축하여 모유두로 나눠지며 모낭에 둘러싸여 위쪽으로 올라간다. 이때 세포분열은 정지하고 있다.

(3) 3단계 : 휴지기(telogen)

모유두가 위축되고 모낭은 차츰 쪼글어들며, 모근은 위쪽으로 밀려 올라가 빠진다(모근부는 위쪽에 올라와 있고, 모낭의 깊이는 1/3로 되어 있다).

모발이 없어지는 시기로서 다음 anagen 단계가 시작될 때까지의 기간은 3~4개월 정도이다. 전체모발의 4~14% 해당(분만후 30~40%)되며 이 시기의 모발은 약한 brushing으로도 쉽게 제거된다.

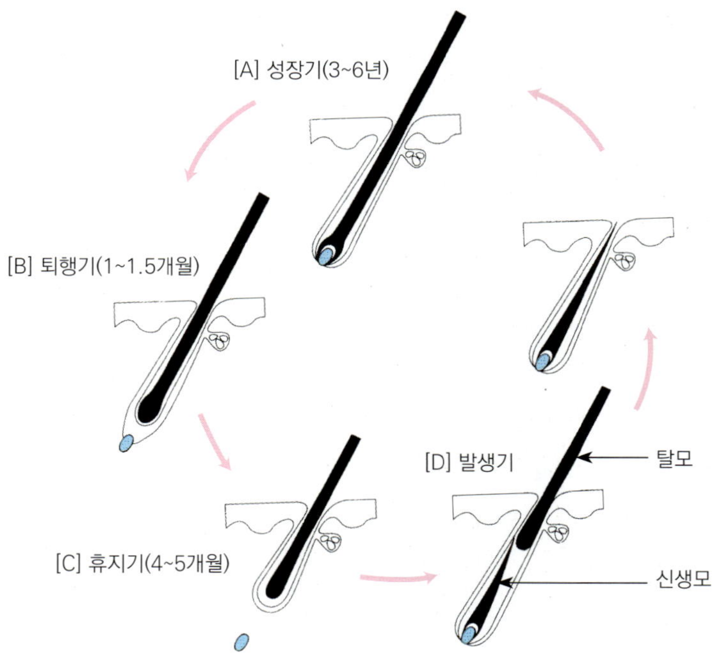

그림 1-15 모주기

성장기 초에는 모낭에 둘러싸여 있던 모구부가 모유두와 결합하여 새로운 모발을 성장시킨다. 다음으로 새로운 모발은 휴지기에 들어간 오래된 hair를 위로 밀어 올려서 자연 탈모시킨다.

이상 모주기의 기본적인 과정을 살펴보았다. 그러나 항상 이와 동일한 cycle을 반복하고 있는 것은 아니다. 병, 유전, 체질, 연령 등 모든 상황에 따라 달라진다. 예를 들면 휴지기에 들어간 채로 성장기를 맞이한다던가, 성장기를 맞았지만 경모까지는 이르지 못한다던가, 유연한 경모인 상태로 퇴행기가 되는 등 여러 가지 상황이 있다.

사람의 경우 모발주기는 모발 1개 1개가 독립되어 있기 때문에 다른 모발에 관계없이 독립적으로 자라면서 변한다. 이 때문에 사람의 모발은 정상적인 경우에도 발생, 탈모는 계속 일어나게 된다.

원숭이, 돼지 등도 각각의 독립된 모주기를 가지고 있다. 동물의 종류에 따라 계절이 바뀌면 한번씩 털갈이를 하며 머리에서 꼬리 쪽으로 새로운 털이 나온다. 또한 앙고라토끼, 메리노 양과 푸들개와 같이 모주기가 없이 털을 벗거나 깎지 않으면 계속 길어지는 동물도 있다.

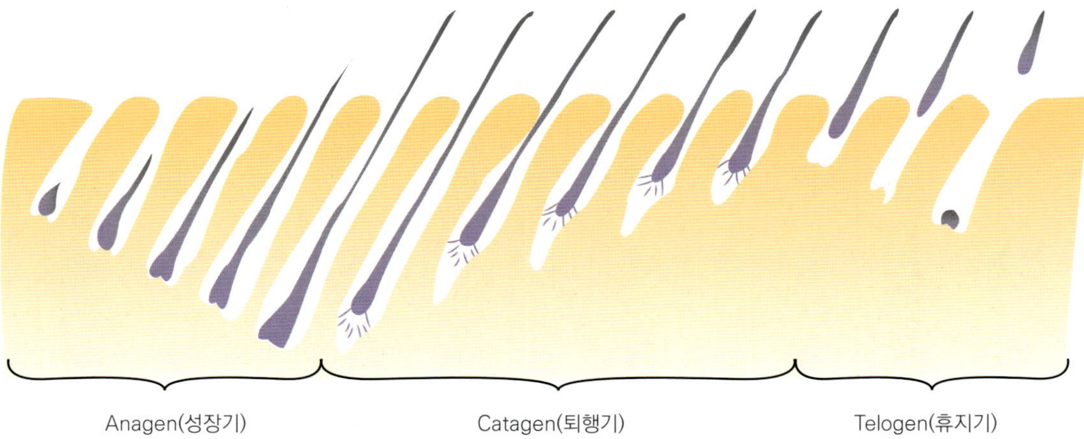

그림 1-16 **모발의 성장의 단계**

4) 모발의 성장

인간 모발의 성장률은 신체 부위에 따라, 그리고 성(sex), 인종, 나이에 따라 각기 다르다. 두피나 모발은 개개인에 따라 장도, 탄력, 그리고 머리결의 흐름(direction)이 다르다.

모발의 성장은 15세에서 30세 사이에 가장 빠르게 나타나며 50세에서 60세 사이에 급격히 쇠퇴한다. Hair는 남자보다 여자가 성장이 빠르며 또한 기후조건과 계절에 따라 다르다. 습도는 자연적인 웨이브를 더욱 깊게 만들어 주며, 찬바람은 모발을 수축시키는 원인을 제공하고, 열은 모발을 부풀게 하거나 늘어나게 하거나 습기를 흡수하는 원인이 되기도 한다.

표 1-1과 표 1-2에서 알 수 있듯이 가령 모주기를 5년으로 모발이 10만개 있다면 10만개~(5년×365일)=55개, 결국 하루에 55개 전후의 자연탈모가 되고 같은 수 정도의 새로운 모발이 발생된다. 사람의 경우 어느 정도 모발을 자라게 해도 성장기인 5년동안에는 (1.2cm×12개월)×5년=72cm, 72cm 정도밖에 자라지 않는다. 또한 10만개의 모발이 하루에 자라는 길이를 식으로 만든다면 10만개×0.4mm = 40m. 결국, 두피전체에서 1개의 모발을 1일에 40m의 길이로 성장시킨다는 계산이 된다.

이와 같이 모모세포는 급격하게 세포분열을 반복하며 이 활동은 신체의 세포 가운데 가장 왕성하다. 이 때문에 항상 많은 에너지와 영양분을 필요로 하게 된다. 몸과 팔다리의 털은 6개월 이하의 성장기와 휴지기를 가진다.

표 1-1 발생부위와 모주기

모 발	남성 3~5년, 여성 4~6년
수 염(beard)	2~3년
액와모(under arm)	1~2년
음 모(pubic)	1~6개월
미 모(eye brows)	4~5개월
속눈썹(eye lash)	3~4개월
솜 털(fluff)	2~4개월

표 1-2 발생부위와 성장속도

	1일 성장(mm)	1개월 성장(mm)
수염	0.38	11.4
모발	0.35~0.40	10.5~12.0
액모	0.23	6.9
음모	0.20	6.0
눈썹·속눈썹	0.18	5.4

모발의 주기는 10~15회 반복하므로 이 주기가 일찍 끝나는 사람은 탈모가 된다. 따라서 성장기가 2년밖에 안되는 모근은 20대 전후면 더 이상 모발이 새로 자라지 않는다. 또한 휴지기의 모발이 20% 이상 되면 머리털이 빠지는 상태라 할 수 있는데, 평균 하루 50~100개 이상 탈모 될 때를 말한다.

그림과 같이 휴지기에서 생성기로 넘어가는 과정을 보여주고 있는데 그림1-17는 휴지기에 접어든 모발이고, 그림1-18은 새로운 모발이 생성되면서 휴지기에 있던 기존의 모발이 밀려 나가면서 자연 탈모되는 과정을 보여주고 있다.

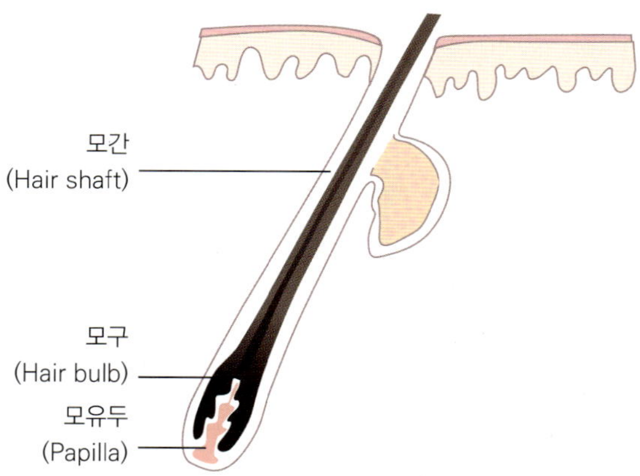

그림 1-17 모유두로부터 기존 모발이 분리되는 단계

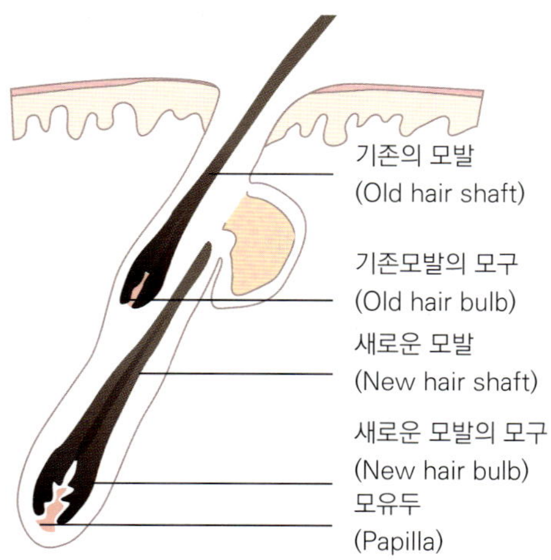

그림 1-18 새로운 모발이 생성되는 단계

5) 모발성장에 영향을 주는 요인들

(1) 병적인 요인

대개의 인체 질환은 모낭의 성장 주기를 변화시켜 모발을 가늘게 또는 윤기를 잃게 할뿐만 아니라 성장속도도 저하시키게 된다. 예를 들면 고열에 의한 질환은 발병 후 두달 안에 탈모 현상이 나타나며, 빈혈, 심장병과 같은 질환 및 암 치료제, 당뇨 치료제와 같은 약제는 혈액공급을 원활하지 못하게 하기 때문에 모발성장을 약화시킨다.

(2) 호르몬에 의한 요인

임신 기간동안의 호르몬의 변화는 모발성장기를 증가시켜 많은 모낭을 생성시킨다. 그러나 출산과 더불어 평상시보다 다수의 모낭들이 휴지기로 들어가면서 과도한 탈모현상이 나타나게 된다. 임신성 탈모라고도 한다.

(3) 유전적인 요인

유전인자에 의한 것으로서 모발색, 컬의 정도, 헤어라인의 모양, 남성형 탈모 등을 변화요소로 들 수 있다.

(4) 나이

모발 성장이 가장 왕성한 시기는 14~27세 전후이며 50대를 지나면 서서히 성장속도가 느려지기 시작한다. 나이가 들면서 두피가 얇아져 호르몬과 영양공급이 원활하지 않게 되기 때문에 성장이 느려진다.

(5) 물리적 요인

자연 탈모가 아닌 물리적 힘이 가해진 견인성 탈모가 된 경우는 새로운 모낭이 생성되는데 있어서 자연탈모의 경우보다 긴 4~6주 정도의 기간이 소요된다.

6) 모발의 형태

사람의 헤어는 모질에 따라 여러 가지의 형상으로 나타난다. 이는 표피에 연결된 모낭의 각도에 따라 두발의 외양적인 구조 형성에 영향을 주기 때문이며, 이를 크게 4가지로 대별시킬 수 있다.

Straight hair(모낭이 피부 표면으로부터 수직형태), wavy hair(모낭이 피부표면으로부터 약간 각도가 있는 형태), kinky hair(모낭이 피부 표면으로부터 각도가 편편한 형태), curly hair(wave와 kinky의 중간상태)로서 일반적으로 shop에서 곱슬머리, 반 곱슬머리, 돈(돼지)모 등으로 표현하기도 한다.

그림 1-19 **모발의 종류에 따른 모발의 단면과 모낭의 형태**

또한 머리카락의 흐름, 즉 머리카락이 같은 방향으로 흘러내리는 것을 헤어의 흐름(direction)이라 한다. 이것은 헤어의 모근이 같은 방향(stem)으로 경사진 결과로 헤어 가운데 갈래의 흐름, 즉 반대 방향으로 경사진 흐름은 자연스러운 헤어의 가르마(parting)를 만든다.

나선(whorl)형은 정수리에서 회전형을 이루는 머리카락, 즉 가마를 일컬으며, 카우릭(cowlick)형은 머리숱이 서 있는 것으로서 hairline에서, 특히 front, nape line에서 많이 볼 수 있다.

이러한 여러 가지 형상들은 사람에 따라서 각기 다르게 머리의 어느 부위에서든 나타날 수 있다. 따라서 머리카락을 자르거나 다듬을 때에는 헤어의 방향(direction)을 고려하는 것이 중요하다.

3. 모발의 물리, 화학적인 특징

모발자체의 성질을 구별하는 방법에는 모발의 재질을 결정짓는 물리적인 특징과 화학적인 특징으로 구분하여 모발의 상세하고 구체적인 특징을 구별할 수 있다.

1) 모발의 물리적인 특징

(1) 모발의 질감(texture)

모발의 질감은 각 개인의 머리카락 직경에 따라 달라진다. 일반적으로 굵은 모발, 중간 모발, 가는 모발로 나누어지며, 모발의 직경이 가늘면 가늘수록 염색이나 퍼머넌트 웨이브가 빨리 이루어진다.

(2) 모발의 밀도(density)

모발의 밀도는 각 개인의 머리카락 수량에 의해 결정된다. 대개 90,000~150,000개의 머리카락을 지니고 있으며 천연적인 금발은 약 140,000개 이상이고, 짙은 갈색 모발은 약 110,000개, 검정모발은 약 100,000개, 적색 모발은 약 90,000개의 머리카락을 가지고 있고, 정상적인 사람의 하루 탈모의 량은 50~80개 정도이다.

(3) 모발의 탄력성(elasticity)

모발의 탄력성이란 모발이 정상길이 보다 늘어났다가 원래대로 되돌아가는 성질을 말한다. 정상모발은 탄력성이 우수하며 물에 젖어 있으면 원래 길이의 1.7배 정도 늘어나지만. 건성모발은 탄력성이 적어 약 1.25배 정도 늘어난다. 탄력성은 태양, 환경, 지나친 건조와 열기 및 화학적인 처리에 의해 영향을 받는다. 이러한 모발의 탄성은 케라틴이 코일 모양의 스프링 구조로 되어 있기 때문에 일어난다. 머리를 당겼다가 다시 놓으면 모발은 늘어났다가 다시 제자리로 돌아간다. 만약 과도하게 늘려 모발이 탄성 한계에 도달하면 다시 제자리로 돌아갈 능력을 잃어버린다. 결국 머리는 부서지게 되는 것이다. 이때 모발을 부서지게 하는 힘을 장력 강도(tensile strength)라고 한다. 모발이 젖었을 때에는 탄성은 커지지만 장력강도는 낮아진다. 따라서 마른 모발은 부서지기 전까지 더 많은 무게를 지탱한다.

모발의 탄력성을 테스트하는 방법으로는 모발 한 가닥을 뽑아 양손의 엄지와 검지 손가락 사이에 쥐고 천천히 양쪽으로 당겨 늘렸을 때 끊어지지 않고 잘 늘어나는 것일수록 신축성이 좋은 모발이며 금방 쉽게 끊어지는 모발은 신축성이 나쁜 경우이다.

(4) 모발의 강도(intensity)

이것은 모발을 잡아 당겼을 때 끊어지지 않고 견디는 힘을 말한다. 시험기(털을 잡아당겨 강도를 측정하는 기계)에 의하여 측정한 결과 모발 한 가닥이 끊어지지 않고 견디는데 필요한 힘은 150g 정도였다. 모발의 강도가 강하면 강할수록 건강한 모발이며, 나이와 환경, 화학적 처리에 의해 영향을 받는다.

(5) 모발의 다공성(porosity)

모발의 다공성은 모발이 수분을 흡수하는 힘이며, 염색이나 퍼머넌트 웨이브 등의 특수처리로 인해 생기는 것이다. 또한 cuticle의 상태가 다공성을 결정짓는데, 건강한 모발일수록 cuticle이 규칙적으로 겹쳐져 있어 염색제나 퍼머넌트 웨이브제를 과도하게 흡수하지 않는다.

반대로 손상모의 경우 cuticle 사이가 벌어져 있기 때문에 염색제나 퍼머넌트 웨이브제를 과도하게 흡수하여 단시간 내에 형성되지만 모발은 심하게 손상된다.

모발의 다공성 때문에 액체는 표피층에서 피질층 사이를 뚫고 들어갈 수 있다. 표피층의 비늘(scales)이 손상되었거나 열려 있을 경우에는 다공성이 증가하고, 비늘이 누워 있거나 자연적 피지(sebum)가 표피층을 덮고 있을 경우는 다공성이 감소한다. 펌이나 블리치한 모발은 정상 모발보다 더 많이 구멍이 뚫려 있기 때문에 전처리 크림(pre-perm lotion)을 발라 표피층을 균일하게 해줄 필요가 있다.

(6) 모발의 수분성(moisture)

모발은 공기 중의 습도가 높으면 수분을 흡수하고 외기가 건조하면 수분을 빼앗기게 되는 성질, 즉 수분의 양에 따라 모발상태가 달라지게 된다. 모발이 건조하면 매끄러움, 부드러움, 광택 등이 없어지는 반면에 수분을 흡수하면 부드러워지고 매끄러움과 광택이 난다.

수분은 모발건강에 매우 중요한 것으로 모발의 수분 보유율은 10~12%일 때가 가장 이상적이다. 그러므로 항상 모발이 건조해지지 않게 주의하고 수분과 유분이 함유되어 있는 헤어 크림(hair cream)이나 헤어 트리트먼트(hair treatment)제를 사용하여 모발에 항상 유·수분을 공급하도록 한다.

그러나 모발이 물기를 과도하게 흡수하면 세팅의 형성이 어려우므로 세팅 후에 이를 유지하기 위해서 오일이 함유된 세팅 로션이나 스프레이를 사용해 주는 것이 좋다.

(7) 모발 색상(color)

천연모발 색상은 모피질(cortex)층에서 발견되는 천연색소의 양과 분포정도에 따라 결정된다. 검정이나 갈색 색소는 모발색의 짙고 옅음을 결정짓는다. 예를 들면 밝은 갈색모발은 모피질층에 노란기가 있는 붉은 색소의 비율이 더 많은 것이며, 짙은 갈색모발은 검은 갈색 색소가 더 많은 것을 의미한다.

모발의 색상은 대부분 유전에 의해 결정되는데 색소가 거의 없거나 완전히 없는 경우는 백발이 된다. 그러한 색들은 피질 속에 있는 색소의 종류와 숫자에 의해 결정된다. 표피는 반투명성이기 때문에 이를 통해 우리는 피질 속의 색깔들을 볼 수가 있다. 검은색과 갈색의 모발 속에는 유멜라닌(eumelanin)이라는 색소가 더 많고, 브론드 헤어는 노란색과 빨간색의 색소, 즉 페오멜라닌(pheo-melanin)을 더 많이 갖고 있다. 흰머리는 색소가 없는 경우이고, 회색머리는 흰색과 색깔이 있는 머리의 혼합에 의한 것으로 생각된다. 그리고 모발이 흰색으로 변하는 원인은 정확히 알려져 있지 않지만, 멜라닌색소 세포 이상, 유전적 우성요인, 병리적 요인, 내부장기 이상, 호르몬 이상 등을 원인으로 보고 있다.

(8) 모발의 두께

하나의 모발은 일반적으로 끝에서 뿌리까지 비슷한 두께와 지름을 가진다. 모발의 두께는 가는 모발이 0.05mm~0.07mm, 보통 모발이 0.08mm~0.09mm, 두꺼운 모발이 0.1mm~0.15mm 정도이다. 물기를 흡수하면 모발이 늘어나는 것보다 두께가 더 많이 두꺼워진다. 이는 물이 침투해서 모발이 부풀었기 때문이며 현미경을 통해서 관찰할 수 있다.

2) 모발의 화학적인 특징

일반적으로 아미노산은 분자내에 염기성 아미노산 1개와 산성의 카르복실기(-COOH) 1개를 가지고 있다. 이와 같이 염기성기와 산성기의 균형이 유지되는 것을 중성아미노산이라 부른다. 이 아미노산과 카르복실기와 polypeptide가 결합해서 주쇄가 되어 keratin 단백질을 구성하고 있다. 그러나 keratin 단백질을 만들고 있는 아미노산에는 아미노기가 1개 이상인 것(염기성 아미노산) 또한 카르복실기가 1개 이상인 것(산성 아미노산)이 있다. 이 주쇄결합을 하지 않는 잔기는 측쇄결합으로서 상호 결합하고 있다. 결국 아미노산 +와 카르복실기 -와 이온적으로 염결합하는 것이다.

모든 아미노산기와 카르복실기 polypeptide 결합, 또는 염결합할 때의 모발(keratin 단백질)의 pH는 4.5~5.5이다. 결국 이 값의 범위로서 측쇄의 염결합은 가장 안정되어 있는 것이다. 이것을 모발의 등전점이라고 한다. Permanent wave제, hair coloring제 등 알칼리성의 약제를 사용한 후에는 모발은 알칼리성으로 된다. 산린스 등으로 처리하는 것은 모발의 pH를 등전점으로 되돌리기 위한 것이다.

모발이 어떠한 원인으로 손상이 되면 아미노산의 조성과 분포는 변하며, 아미노기가 많게 되면 알칼리성으로, 카르복실기가 많게 되면 산성측으로 모발의 pH가 변화된다. 이외에 메르캅토기(mercapto), 술폰산기 등이 증가해도 pH는 산성측으로 변화한다.

(1) 모발과 알칼리

모발의 등전점인 4.5~5.5에서 알칼리로 가까워질수록 모발의 단백질 구조는 불안정한 상태가 된다. 즉 약 알칼리에서는 모발의 연화를 주지만 강 알칼리에서는 모발의 구조는 물론 단백질도 분해시킨다(알칼리제에 의한 모발손상).

모발 시스틴 결합이 파괴되고 케라틴 분자의 연결이 절단됨으로써 물에 잘 녹지 않는 젤라틴도 물에 쉽게 녹아 나와 다공성 모발이 되기 쉬워진다. 따라서 강한 알칼리로 시술된 모발의 경우엔 특별한 사후관리가 요구된다.

(2) 모발과 산성

모발의 산성에 대한 저항력은 알칼리에 비해 강한 편이다. 모발 내의 단백질 및 모표피는 산성에 대해 수축작용을 일으킴으로써 산성의 모발내부 침투를 방지한다. 따라서 강한 산성이 아니면 산성에 의한 손상도는 극히 적다고 볼 수 있다.

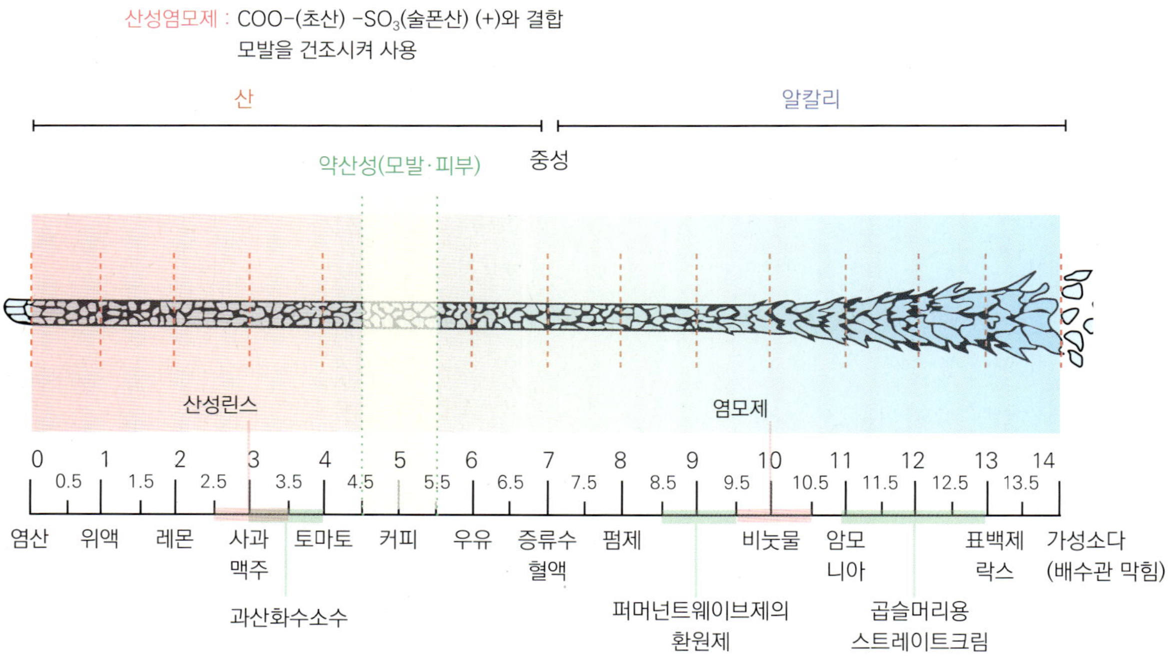

그림 1-20 **모발과 pH**

3) 모발의 등전점(iso-electric point)

중성과 같이 + , - 이온이 똑같이 존재하는 상태를 말하며 pH 4.5 ~ 5.5일 때 결합력이 최고가 된다. 다시 말하면 모발내부의 케라틴이 가장 튼튼한 상태이다. 평소 모발의 전기적상태는 음전하가 된다. 또한 모발은 산성일 경우 양이온이 되고 알칼리일 경우 음이온이 되며 정상적인 모발은 음이온이 된다.

등전점은 아미노산같은 특별한 물질에만 사용

모발 $H^+ = OH^-$ (중성)

$H^+ > OH^-$ (산성)

$H^+ < OH^-$ (알칼리)

4. 모발의 주성분

모발은 대부분 케라틴(80~90%)이라는 경단백질로 구성되어 있으며 멜라닌 색소(3% 이하), 지질(1~8%), 수분(10~15%), 미량원소(0.6~1.0%)로 이루어져 있다. 케라틴은 물리적인 강도가 강하고 탄력이 있을 뿐만 아니라 화학약품에 대한 저항력도 강한 편이다.

1) 케라틴(Keratin)

모발 구성의 기본물질인 케라틴은 18종류의 아미노산으로 이루어져 있는데 아미노산은 탄소(C) 약 50%, 산소(O) 약 22%, 질소(N) 약17%, 수소(H) 약 6%, 황(S) 약 5% 외 5개의 원소로 구성되어 있다.

2) 지질(Lipid)

모발은 피지선에서 분비된 피지와 피질세포 자신이 가지고 있는 지질을 함유하고 있다. 두 종류의 지질이 구별하기 어렵기 때문에 양자를 일괄해 모발의 피지로 취급한다.

(1) 피지(Sebum)

내부 요인으로 연령, 성별, 인종, 호르몬 등이며, 외부요인으로 온도, 마찰 등이 있다. 두 요인은 개인차가 크다. 피지선은 두부에 가장 많이 분포하며 $1cm^2$ 당 400~900개 정도이다. 피지량은 1~2g/1일 모발의 1~9%정도 차지하며, 그 중 유리 지방산 56%, 중성 유지분 44%이다.

(2) 피지샘(Sebaceous gland)

피지샘에서 분비된 피지는 모낭에 있는 효소 리파제의 작용에 의해 중성지방의 일부가 가수분해되어 유리지방산과 글리세린으로 된다. 땀과 모낭성분 등의 혼합으로 W/O형 유액상을 형성하여 외부 자극에 저항, 항상성 유지기능을 한다.

3) 미량원소

모발의 구성성분에는 탄소, 수소, 산소, 질소, 황의 기본요소 외에도 색소구성에 있어서 측정되는 요소들이 들어 있다. 따라서 모발을 태워 남은 재에서는 다양한 금속들이 검출된다. 그러므로 모발의 색은 이 미량의 금속의 종류에 따라 다르다.

백색-니켈, 황색모-티탄산염, 적색-철/몰리브덴, 흑발-코발트/철 이외의 인, 규소 등의 비금속을 함유 30종의 무기성분이 보고되어 있다.

모발 케라틴은 금속과 쉽게 결합하는 산성기를 가진다. 세발, 두발용 화장품, 세정, 땀, 환경, 먼지 등에 함유된 금속이온을 흡수한다. 특히, 화학적 처리를 받은 모발은 산성기가 증가하기 때문에 금속의 흡착량도 증가한다.

4) 수분

모발 중의 수분은 피부의 경우와 같이 중요한 역할을 가지고 있다. 즉 유연함, 광택, 통풍, 잡아당길 때의 인장강도, 정전기의 양 등 모발의 기계적인 성질과 미용상의 특성에 크게 영향을 미친다. 모발에는 수분을 흡수하는 성질이 있어서 수분을 함유하고 있는데 보통의 상태의 공기 중에는 10~15%의 수분을 함유하고 있으며, 세발 직후 30~35%, 드라이로 건조해도 10%전후의 수분이 남는다.

수분의 양은 습도가 높으면 많아지고 온도가 높으면 적어진다. 따라서 수분의 측정은 일정한 온도(25.2℃)와 습도(65%)에서 측정하지 않으면 정확한 결과를 얻을 수 없다. 전체 모발의 손상도가 크면, 수분의 보유력이 약화되어 수분량이 낮아지게 되기 때문에 수분양은 모발손상도의 하나의 표준이 된다. 일반적으로 수분량이 10% 이하가 되면 건조모가 되는 것으로 알려져 있다. 이 건조모를 물에 담글 경우에는 정상 모발보다도 흡수량이 커지게 된다.

5) 멜라닌 색소

멜라닌 색소는 모모세포에 있는 색소형성세포(melanocytes)에 의해 생성되며 아미노산의 일종인 티로신(tyrosin)으로 부터 산화, 중합을 거쳐 형태가 이루어진다. 이렇게 형성된 멜라닌 과립은 타원형 형태로 모발의 피질세포 내에 존재하다가 모발의 성장과 함께 차츰 상부로 이동하게 된다.

모발의 색은 흑, 갈, 적, 금발, 백색 등 여러 가지 색이 있지만 이 색들은 피부색과 같이 melanin색소 합성의 정도에 따라 결정된다. 멜라닌 색소는 모발을 착색시키고, 두피를 과도한 자외선으로부터 보호하는 중요한 역할을 하고있다.

검은 모발과 흑갈색 모발의 색소는 eumelanin 색소이며 노란 모발과 붉은색 모발의 색소는 pheo-melanin 색소이다. 이 두 종류의 멜라닌색소(과립)는 크기, 양, 합성에 따라 색이 결정된다. melanin과립이 크고, 많으면 빛을 흡수하기 때문에 검게 되고, melanin과립이 거의 없으면 빛이 반사되어 희게 된다.

melanin양이 많은 순서로는 흑색(black) 〉 갈색(brown) 〉 적색(red) 〉 금발(blonde) 〉 백발(gray hair)이다. 과립의 크기도 큰 쪽이 흑색이며, 적으면 적색과 갈색으로 된다. 이들 melanin과립은 모구부의 모모세포 부근에 존재하는 멜라노사이트(melanocytes)라는 색소 형성세포에서 amino acid의 일종인 tyrosine에서 tyrosin산화 효소에 따라 산화 중합되어 melanin 과립이 된다.

5. 모발의 팽윤과 연화작용

어느 물체가 액체를 흡수하여 그 본질은 변하지 않고 체적을 늘리는 현상을 팽윤이라 한다. 팽윤에는 유한팽윤과 무한팽윤이 있다. 여기서 유한팽윤은 팽윤이 어느 한계로 진행하면 더이상 진행하지 않는 것을 말하고, 무한팽윤은 제한을 받지 않으며 최후에는 모두 녹아 용액이 되어버리는 경우를 말한다. 그러므로 모발은 유한팽윤의 예이고, 케라틴은 무한팽윤의 예이다.

1) 팽윤(Swelling)

모발을 물에 적셔두면 길이는 1~2% 길어지게 되고, 두께는 12~15% 정도 두꺼워지며 중량은 30~40% 증가함을 볼 수 있다. 그 중량의 증가율은 수분율에 해당하는 것이고, 체적의 증가율과는 일치하지 않는다. 따라서 중량 증가율을 '팽윤도'라는 것으로서 설명한다.

모발이 수중에서 팽윤한계에 달하는 데는 실온에서 15분 이상, 33℃에서 5분이내로 거의 팽창에 가까운 팽윤도가 된다고 한다. 팽윤한 모발을 공기 중에 방치하고 건조상태까지의 시간은 모세관구조 등의 영향으로 길어질 수밖에 없다. 그리고 염류, 산, 알칼리 등의 수용액에 의한 팽윤도는 차이가 무척 크다. 모발은 습도의 증가로 함수량과 중량이 증가한다. 체적(직경)의 증가를 수반하기 때문에 흡착과 팽윤의 한계가 확실하지 않지만, 동일현상을 다른 관점에서 본 것으로서 본질적으로는 차이가 없다.

모발에 흡수된 물에는 모발 속의 수화물을 나르는 결합수와 모발 속에서 자유로이 움직이는 물인 자유수, 용해수 등이 있다. 그러므로 양자의 합계가 수착곡선에서 볼 수 있는 수분율에 해당한다.

팽윤이 일어나는 장소는 공동이 많은 비결정영역이라 볼 수 있다. 앞서 서술한 것처럼 비결정 영역은 결정영역에 비해 무척 부드러우며 모발의 탄성에도 많은 역할을 하는 곳이다. 가느다란 모관이 물을 흡수하여 두꺼워지면 체적이 커지고, 두꺼워진 모관이나 당초부터 두꺼워진 모관에 물이 고이게 되면, 중량의 증가가 현저해진다. 따라서 체적의 증가율과 중량의 증가율은 일치하지 않는다.

공동의 내벽에 흡착된 물이 모발 속에서 퍼지는 과정을 살펴보면 다음과 같다. 모발 케라틴의 화학구조는 긴 폴리펩티드 주쇄가 측쇄와 연결되어 있는 느슨한 그

물형태의 구조로 되어 있다. 이 측쇄결합 속에 수소결합은 물에 의해 절단되어 수산기, 아미노기, 카르복실기 등 물에 친하기 쉬운 부분이 물분자와 흡착되어 주쇄와 주쇄 사이가 넓어지므로 그물구조가 부풀어져 간다. 이때 그물상의 연결된 사이의 주쇄는 늘어진 모양이 되고, 늘어진 주쇄는 원래의 상태로 돌아가기 위해 기회를 노리게 된다.

물이 들어가 늘어지려는 경향과 측쇄가 원래의 상태로 돌아가려는 경향, 즉 균형 양쪽이 균형잡힌 점이 팽윤평행에 해당되며 이것 이상은 시간이 걸려도 팽윤이 더 이상 진행되지 않게 된다. 그러나 피브릴(fibril)을 구성하고 있는 결정영역인 주쇄는 짧은 측쇄로 강하게 연결되어 있기 때문에 물에 의한 영향이 적어 거의 팽윤하지 않는다.

한편 비결정영역은 비교적 기다란 측쇄로 느슨하게 연결되어 있어 물에 의해 주쇄의 간격이 넓어지기 쉽기 때문에 사방팔방으로 부풀려고 한다. 그러나 가로방향으로의 팽윤은 피브릴에 의해 방해되기 때문에 세로방향으로 팽윤하게 된다.

팽윤에 영향을 미치는 구조상의 요인은 케라틴 분자량, 결정영역의 양, 측쇄결합의 수 등의 있고, 이러한 요인이 많아지면 팽윤도는 저하되고, 적어지면 팽윤도는 증가한다. 손상모는 주쇄 측쇄결합 등의 절단이 일어나고 있고, 모발성분의 용출에 의해 다공성이 증가되어 있기 때문에 그 팽윤도를 비교하면 손상의 유무 정도를 추정할 수도 있다.

2) 연화(Softning)

모발은 알칼리제에 의해 팽윤(swelling)·연화(softning)한다. 알칼리제는 모표피는 물론 피질과 피질 사이도 팽창시키면서 부드럽게 만드는데 이때 물리적인 힘을 가하게 되면 손상의 부담은 수분을 머금어 팽창했을 때 보다 훨씬 크다. 모발이 펌제나 염모제 같은 알칼리제와 접하면 부드럽게 되는 것을 볼 수가 있는데 이것이 연화이다.

모발염색시 염모제 용액이 모발 내부로 침투하기가 용이하지가 않지만 알칼리제에 의해 모발이 팽윤·연화하면 모발 내부로 염료의 침투가 가능하게 된다. 퍼머넌트 웨이브제 역시 모발 내부로의 진행과정도 팽윤·연화된 모발에 작용하기에 용이하며, 피브릴의 결정영역, 비결정영역의 차이에 따라 염색성과 퍼머넌트의 연출력에 차이가 있다.

Shampoo & Treatment

CHAPTER 2

샴푸와 린스

CHAPTER 2
샴푸와 린스

1. 샴푸의 발달과정

샴푸(Shampoo)는 힌두어인 'champoo'를 어원으로 하고 있으며, 사전적 의미로는 '비누·샴푸제를 이용하여 머리를 감다, 씻다, 마사지하다' 라는 뜻이다. 일반적으로 샴푸는 미용실에서 고객에게 행하는 최초의 서비스이자, 헤어스타일을 만들기 위한 가장 기본적인 행위로 모발과 두피의 세정을 의미한다. 현재 미용업이 갈수록 세분화되면서 샴푸도 이제는 하나의 메뉴로 자리 잡아가고 있다.

먼저 샴푸의 발달과정을 살펴보면 고대에는 작은 입자의 먼지나 더러움 정도는 물로 씻어냈으나, 기름때 등의 정도가 심한 때를 세정하기 위해서는 산성 백토와 재 등을 사용했다. 그러나 알칼리 성분이 강해 필요 이상의 유분과 심하게는 모표피까지 녹여냈기 때문에 모발을 뻣뻣하게 만들었다. 이러한 부작용을 막기 위해 해조류나 식물류의 분말을 물에 넣어 끓여서 사용했는데, 세정효과도 있고 모발을 부드럽게 했다.

산업혁명 이후, 탄산나트륨과 탄산칼륨을 주재료로 한 비누가 사용되기 시작했으며, 1930년경에는 알콜유지계의 황산염을 원료로 샴푸가 개발되었다. 1차 세계대전 동안에는 비누의 원료인 동, 식물성 기름이 화학적 원료로 사용되어 비누의 공급이 어려워지자 석유를 원료로 하는 새로운 계면활성제를 만들기 시작했다. 2차 세계대전 이후 새롭게 개발된 계면활성제는 종전의 비누보다 세정력이 뛰어나고 모발에 부드러움을 주어 본격적으로 사용되었으며, 샴푸를 비롯하여 모든 세제에 이용되었다. 이후 계면활성제는 분말상 → 입상 → 페이스트상 → 액상의 형태로 발전하면서, 기능 또한 청결하고 마무리감이 좋은 것으로 발전했다.

1970년대부터는 액체 샴푸가 본격적으로 보급되기 시작하면서 샴푸의 수요는 급증하였다. 액체샴푸에 알킬에테르와 황산염 및 알킬황산염 등이 넓게 사용되면서 액상 이외의 계면활성제는 그 자취를 감추게 되었다.

샴푸의 주원료인 계면활성제의 변천사는 샴푸의 형태변화와 기능의 다양화 등이 함께 발전하고 있음을 보여주고 있다. 요즈음에는 양성계면활성제를 첨가하는 등 원료의 다양화와 함께 각종 첨가제들이 개발되어 비듬방지, 모발의 색상보호 등의 특수효과를 지닌 다양한 샴푸들도 개발되고 있다.

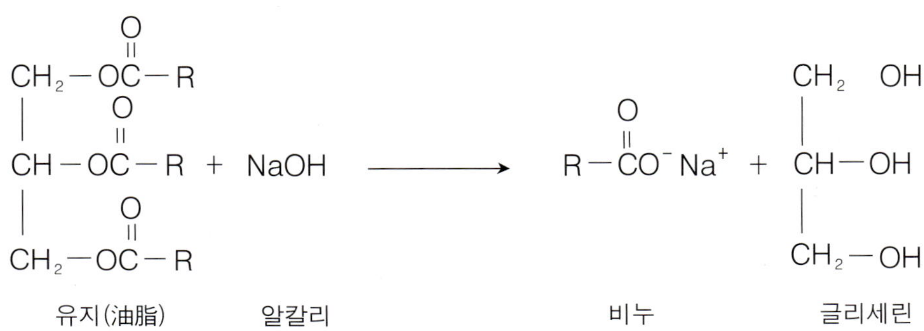

그림 2-1 **유지로부터 비누의 생성**

2. 샴푸잉(shampooing)의 목적

두피와 두발은 외부로부터의 먼지, 매연, 세균, 헤어스프레이(hair spray), 오일(oil) 등의 두발화장품과 피부의 생리작용에 의해 분비되는 땀과 피지 때문에 항상 불결해지기 쉽다. 따라서 이러한 더러움을 제거하지 않으면 모발의 생리기능을 악화시켜 탈모의 원인이 되거나 비듬 등의 각종 질병을 유발시킬 수 있다. 이러한 각종 질병을 예방하고 생리기능을 원활하게 하며 두발시술을 용이하게 하는, 즉 건강한 모근으로 유지하는 방법으로서 샴푸잉(shampooing, 샴푸하기)을 행한다.

샴푸에는 크게 두 가지 목적이 있다. 하나는 모발의 때를 씻는 것이고, 다른 하나는 모발의 때를 씻음과 동시에 두피에 적당한 자극을 주어 모발의 육성을 촉진시키는 것이다. 두부의 때에는 땀샘이나 피지선으로부터의 분비물에 의한 내부로부터의 때와 두발 화장품이나 대기 중의 먼지 같은 외부로부터의 때가 있다. 이들 때가 끼게 되면 세균이 증식하고 피지와 유기물의 분해가 촉진되어 그 대사 부산물에 의해 불쾌한 냄새와 가려움증이 나타난다. 더욱 심해지면 모공이 막혀 모유두의 기능이 저하되어 모발의 정상적인 발육이 방해받게 된다. 그래서 탈모가 많아지는 등의 증상이 일어나기도 한다.

샴푸는 두피와 모발을 청결히 하며 두부의 컨디션을 조절하기 위해 사용된다.

샴푸잉은 스타일의 준비단계로서 매우 중요하며, 특히 물리적, 화학적인 복합 작업이므로 이에 맞는 시술 방법 및 샴푸제를 사용하여야 한다. 예전에 보통 1주일에 한 두 번 샴푸잉을 하던 것이 최근에는 공해의 심각성과 영양 섭취 과다 등에 의한 분비물의 증가로 매일하지 않으면 안되게 되었다. 이와 같이 매일하는 헤어 샴푸잉은 모발생리의 근원이며, 고객의 심리를 좌우시키는 헤어스타일의 가장 기초적 준비작업이므로 소홀히 다루어서는 안된다.

3. 모발 및 두피의 때(dirt)

1) 때의 분류

모발이나 두피에 부착되어 있는 때(더러움)에는 생체 내에서 분비·배출되는 땀, 피지, 비듬 등과 외부에서 부착되는 먼지, 매연 혹은 두발용 화장품의 잔류물 등이 있다. 또한 때에는 물에 녹는 수용성 때와 녹지 않는 비수용성 때로 나눌 수 있는데 수용성 때로는 땀 및 피지의 수용성 물질, 세트 로션, 헤어 스프레이의 수용성 수지, 포마드, 헤어크림 중의 수용성 물질 및 알코올 성분 등이 있고, 비수용성의 때로는 피지의 일부, 비듬, 모발 부스러기 등의 케라틴 물질로 된 동물성 때와 식물성 및 광물성 등이 있는데 대부분이 물에 녹지 않는다. 그러나 이러한 물질도 알칼리제에 의해 용해되거나 산성액에 녹는 것이 있다.

2) 때의 상태

이와 같이 성질이 다른 때가 모발 및 두피에 어떠한 형태로 부착되어 있는지, 그 부착에 기본이 되는 결합력에 관해 생각해 보면 다음과 같이 나눌 수 있다.

① 모발 및 두피와 분자간의 흡인력에 의한 것
② 모발 및 두피와 때 분자간의 전기적 인력에 의한 것
③ 모발 및 두피와 때의 화학적 결합에 의한 것
④ 모발 중에 기계적으로 달라 붙는 것
⑤ 모발 내에 때가 침투해 있는 것

건조된 모발은 마찰하면 + 의 정전기를 일으키고 다른 섬유류와 비교해도 그 대전율은 높은 편이다. 이 같은 건조모는 일반적으로 + 전기가 발생하기 쉬운 성질을 가지고 있다. 이것에 대해 때의 입자는 다음처럼 대전하고 있다.

① 비듬, 모발 부스러기 등의 케라틴 물질 +
② 매연이나 탄분 등의 탄소 +
③ 토사 등의 진애 −
④ 각종 섬유 부스러기 및 종이 분진 −
⑤ 백분(白粉), 안료 등의 분말 −
⑥ 유지류 (− 또는 성분에 따라 +)

따라서 + 전기를 대전하는 ① 및 ②의 때는 모발이 + 전기에 대전하고 있으면 정전기 반응으로서 서로 반발하기 때문에 브러싱 또는 가볍게 터는 것만으로도 때는 잘 떨어진다.

예를 들면 양털의 옷감에 재가 붙어도 잘 떨어진다. 그것과 반대로 – 전기를 띠는 ③에서 ⑥의 때는 모발 표면의 전기와 연결되어 좀처럼 떨어지지 않는다. 따라서 이러한 때를 부착시키지 않기 위해서는 모발 표면을 대전하지 않도록 할 필요가 있다.

그러기 위해서는 모발에 대전방지제가 들어있는 로션이나 크림을 사용하는 하는 것이 좋다. 모발에 어느 정도의 수분을 함유시킨 두발 화장품을 사용하고 있다면 이 같은 현상은 일어나지 않는다. 중요한 것은 모발 손질을 잘해 건조모가 되지 않도록 하는 것이 필요하다.

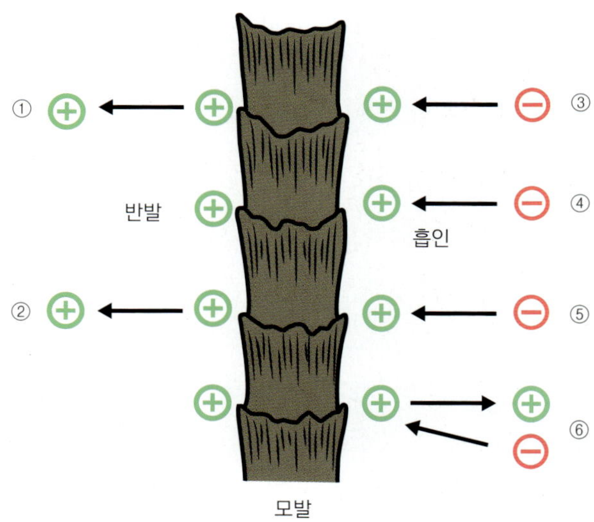

그림 2-2 **건조모의 하전오염**

4. 샴푸제의 조건

모발 케라틴의 화학적 조성 및 성질을 잘 이해한다면 샴푸제가 갖추어야 할 조건은 어느 정도 정해진다. 그것에 대해 기술하면 다음과 같다.

① 약알칼리에 의해서도 케라틴은 팽윤, 연화하기 때문에 비듬 등의 노폐물질은 제거가 가능해지지만 강알칼리로는 모발을 손상시키게 된다. 이런 점을 생각한다면 강알칼리계 비누는 부적당하다.
② 비누계의 샴푸제는 경수에선 세정력이 저하할 뿐만 아니라 비누피막을 만들어 모발의 감촉을 나쁘게 하거나 콜드퍼머나 염색의 장애가 된다.
③ **미셀한계농도**(CMC, critical micelle concentration)가 낮은 것을 선정할 필요가 있다.
④ 비루다(망소, 탄산소다, CMC 등을 소량 첨가 한 것)를 계면활성제에 첨가한 샴푸제는 세정력을 향상시킴과 동시에 마사지 효과를 증진시킨다.
⑤ 기포력이 높은 것을 선택할 필요가 있다. 이것은 세정력과 직접관계는 없지만 때를 거품에 띄워 모발표면에서 떨어지게 하는 역할을 한다.
⑥ 탈지력은 적당한 것이 필요하고 너무 강하면 모발이나 피부의 감촉을 나쁘게 하고 윤기를 없게 한다(유지가 너무 빠지는 현상).

이러한 조건을 만족시키기 위해서는 우선 다음의 계면활성제의 성질, 작용을 비교해 볼 필요가 있다. 모발로부터 때를 제거하는 데에 −이온을 가진 음이온계의 샴푸제가 좋은 이유는 −이온에 대전하고 있는 때와 서로 반발하기 때문이다.

음이온계의 것으로는 고급알코올계의 것이 가장 적당하지만 고가이기 때문에 일반 시판되고 있는 **LAS계**(Linear ABS 또는 soft ABS라 한다)에 비이온계를 혼합하거나 유지분을 배합하고 있는 것이 많다.

비이온계의 것은 피부자극도 없고 기포성도 약하기 때문에 유아나 피부질환자용으로서 사용하기에 적당하다. 양이온계는 살균작용이 있기 때문에 소독용으로서 사용하는 외에 모발에 잘 흡착해 얇은 피막을 형성하기 때문에 모발의 감촉을 높여주는 효과를 위해 사용하기도 한다.

그러나 음이온계 샴푸를 사용한 직후에 양이온계 린스를 사용하면 의미가 없다. 왜냐하면 음이온의 −이온과 양이온의 +이온이 용액 중에서 반응해 같이 활성력을 잃어 커다란 분자가 되어 침전하는 수가 있기 때문이다. 이 경우는 도리어 감촉이 불량한 피막을 만들게 된다. 따라서 음이온계 샴푸제를 사용했을 때는 충분히 물로 씻어내어 샴푸제를 제거한 후 양이온 린스제를 사용하도록 한다. 그 점에서 비이온계나 양성 이온계의 것을 샴푸제에 배합해도 좋다.

미셀한계농도(CMC, critical micelle concentration) :

표면활성제 용액의 농도가 증가하여도 전기전도율이 더이상 증가하지 않을 때의 농도

LAS계(Linear ABS 또는 soft ABS) :

실모양, 직선. ABS계 음이온 계면활성제(석유원료, 비누 대용)

5. 샴푸제의 구성 성분

샴푸의 구성은 샴푸의 특성과 효과를 위해 특별히 선별한 서로 다른 원료들을 적절하게 혼합시키는데 있다. 샴푸의 질적 효능은 구성성분들 사이의 균형있고 조화로운 관계에 있다.

1) 계면활성제(detergent)

때(dirt) 중에는 물에 용해되는 것도 있지만 잘 용해되지 않는 물질이 더 많이 있다. 특히 생체 내에서 분비 배출되는 피지, 비듬, 머리 부스러기 등의 노폐각질과 외부로부터의 유지류, 진애 등은 물에 잘 용해되지 않는다. 이러한 물질을 제거하기 위해서는 때와 물을 결합시킬 필요가 있다. 이런 역할을 하는 것이 계면활성제이다.

계면활성제의 작용은 유화, 분산, 습윤, 가용화, 기포화 등으로 각기 그 목적에 따라 여러 종류가 사용된다. 계면활성제는 분자 구조상 물에 녹기 쉬운 친수성 원자단과 기름에 녹기 쉬운 친유성 원자단을 동일 분자 내에 지니고 있다. 이 두 개의 원자단의 힘의 세기에 따라 계면활성제로서의 성질이 변화한다.

친수성과 친유성을 지닌 계면활성제는 수용액 중에서 계면활성제 분자와의 화합을 일으켜 미셀(micelle)을 형성한다. 미셀에 대하여는 몇 가지 형상이 알려져 있지만 묽은 용액에서는 구상을 형성하여 미셀 내부에 유용성 물질이 가용화된다. 또

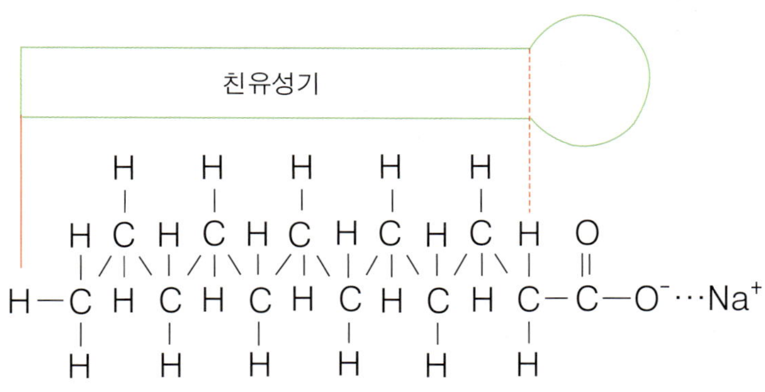

그림 2-3 **계면활성제의 친수성기와 친유성기**

농도가 높아질 경우에는 층상으로 되어 친유기끼리의 사이에 유성물질이 흡착 또는 가용화되고 친수기 사이에는 물이 존재한다.

샴푸제에 사용하는 계면활성제에는 지방산계 계면활성제, 석유합성계 계면활성제, 고급알콜계 계면활성제, 아미노산 계면활성제, 양성 계면활성제 등이 있다. 그 중 가장 일반적인 것은 고급알콜계 계면활성제이다. 또 계면활성제에는 물에 녹았을 때의 이온화 상태에 따라 다음과 같이 분류할 수 있다.

(1) 음이온 계면활성제

이 계면활성제는 물에 녹았을 때 계면활성을 발휘하는 기가 음이온의 전하를 띠는 것이다. 이 계통의 계면활성제는 기포력, 세정력이 우수한 것이 많아 샴푸에 가장 많이 사용되고 있다. 비누도 이 분류에 속한다.

(2) 양이온 계면활성제

이 계면활성제는 물에 녹았을 때 계면활성을 발휘하는 기가 양이온의 전하를 띠는 것이다. 이 계통의 계면활성제는 대전방지효과가 높기 때문에 린스제, 트리트먼트제에 사용된다. 또 살균제로도 활용된다.

(3) 양성 계면활성제

이 계면활성제는 물에 녹았을 때의 용액 pH에 따라 +나 −이온화하는 것이다. 또 계면활성제는 자체에 고유의 등전점이란 것을 지녀 등전점보다 알칼리 쪽에서는 음이온 계면활성제로 역할을 하고 산성 쪽일 때는 양이온 계면활성제로 역할을 하는 특색을 지니고 있다. 이 계통의 것은 세정력이 적당하고 자극성이 적고 안정성이 높은 것이어서 유아용 샴푸제 등의 주제로 사용되고 있으며, 음이온 계면활성제와 병용하면 음이온 계면활성제의 자극성을 억제하는 요과가 있어 최근에는 샴푸제에 많이 사용되고 있다. 또 대전방지 효과나 방취 효과도 있어 린스제, 트리트먼트제로도 사용된다.

(4) 비이온 계면활성제

이 계면활성제는 물에 녹았을 때에 이온화되지 않는 것으로 고급알콜이나 친수성인 에칠렌 옥사이드를 결합시켜 제재로 한다. 결합시킬 에칠렌 옥사이드의 양에 따라서 친유성 타입에서부터 친수성 타입까지 많은 종류의 계면활성제를 만들 수가 있다.

그밖에 고급알콜과 지방산, 에스테르화(산 → Ester)에 의해서도 이 종류의 계면활성제를 얻을 수 있다. 이들 계면활성제에는 세정, 유화, 분산, 습윤같은 효과가 있지만 특히 기름과 물을 유화시키는 힘이 강하기 때문에 헤어크림이나 트리트먼트제 같은 크림의 유화제로서 일반적으로 사용되고 있다.

2) 첨가제

샴푸제는 모발이나 두피에 묻은 때를 세정시켜 청결하게 하는 목적으로 사용하지만 원액만으로는 두피를 보호하는 피지성분까지 제거해 버리므로 모발이 푸석거린다거나 광택이 없어지는 등의 모발 손상 위험이 있다. 게다가 최근에는 샴푸 후의 모발에 컨디셔닝 효소를 기대하는 욕구마저 높아져 이를 충족시키기 위해 여러가지 첨가제를 활용하는 비율이 점차 커지고 있다.

(1) 증점제

샴푸제를 사용한 경우 물에 풀어서 사용하거나 손에 덜어서 사용하거나 혹은 직접 모발에 사용하는 등의 세발 방법에 맞추어 점도의 조절을 가능하게 한다. 또한 샴푸제에 고급감을 주기 위한 목적으로 각종 증점제가 첨가되기도 한다.

(2) 증포제

단일 계면활성제만으로는 거품이나 거품유지가 나쁜 경우가 있기 때문에 그것을 보충하기 위하여 기포제, 거품 안정제 및 증점제로서 알카놀아미드와 아민 옥사이드가 대표적으로 첨가되는데 이 첨가물은 기포증진과 함께 증점 효과도 있다.

(3) 컨디셔닝제

컨디셔닝제는 샴푸 후의 광택, 감촉, 빗질 등을 향상시키고 모발의 표면을 보호하는 한편 손상회복의 목적으로도 사용된다. 컨디셔닝제로서의 첨가물에는 여러 가지의 종류가 있으나 흡착에 따른 분류는 다음과 같다.

① 모발에 화학적으로 흡착하는 성분

이것은 모발의 구성분자인 아미노산과의 강한 친화성에 의해서 모발에 흡착되어 컨디셔닝의 효과를 주는 것이다. 즉 모발은 아미노산의 폴리펩티드인 케라틴의 집합체이기 때문에 강한 친화성을 가지는 것이다.

② 모발에 물리적으로 흡착하는 성분

이것은 세정된 모발에 흡착되어 피막을 형성함으로써 모발 수분의 증발을 적당하게 억제하여 광택이나 촉촉한 감촉을 준다. 이들 유성성분은 샴푸의 기포를 저해하지 않고 안정하게 유화, 가용화되어야 한다. 계면활성제에 가용화된 유성성분은 모발의 상태에 따라 달라질 수 있다.

③ 모발에 강하게 이온 흡착되는 성분

이것은 양이온 계면활성제로서의 기능을 가지며 모발과 강하게 이온 결합하여 흡착막을 형성한다. 이 강한 흡착막에 의해 모발은 탄력이 향상되어 빗질이나 브러시 등에 의한 물리적 작용으로부터 모발을 보호할 뿐만 아니라 모발의 보습력 향상, 대전방지 등의 효과를 낸다.

④ 유지류

샴푸 후에 일어나는 탈지현상을 위해 배합되지만 초과 사용하면 거품이 일지 않고 세정력도 저하된다. 사용되는 유지류는 올리브유, 피마자유와 같은 식물성 오일과 라노틴, 레시틴, 고급알코올, 고급지방산(스테아린산, 파르미틴 산 등), 실리콘 등 다양하다.

⑤ 보습제

샴푸 후의 모발건조를 방지하기 위해서 보습효과가 있는 물질이 첨가된다. 건강 모발은 대략 10% 내외의 수분을 보유하고 있는데 이 수분의 보유, 유지역할을 하는 성분이 바로 자연보습제(Natural Moisture Factor)이다. 이 성분이 샴푸로 인해 소실되는 것들을 보완, 유지할 수 있도록 한다.

⑥ 특수 첨가제

이상의 종류 외에 모발 보호제로서의 역할을 하는 메티오니, 티로신 등의 아미노산 PPT, 판테놀 등과 두피보호를 위한 방부제, 살균제, 점성제, 방취제, 비듬방지제(엔티덴톨), 가려움 방지제(이티레스) 등이 배합되고 있다. 또 샴푸에 따라서는 그 목적에 따라 향료나 색소도 첨가되어 샴푸의 상품가치를 높이고 고객의 기분을 좋게 만들어 주기도 한다.

6. 샴푸(모발세정)의 원리

1) 샴푸의 세정작용

현재 사용되고 있는 세정제들은 기름을 용해하는 유지성분의 입자와 물에 용해되는 흡습 성분의 입자를 함유하고 있다. 세정작용은 두 단계에 걸쳐서 이루어지는데 우선 더러운 기름기가 밴 불순물이 제거되고 그 다음에 이 불순물들이 용해된다.

① 샴푸가 모발과 접촉하는 순간 유지성분의 입자들이 더러운 기름때를 둘러싼다.
② 더러운 기름때는 쉽게 샴푸의 유지성분 입자들에 의하여 용해된다.
③ 용해된 기름때들은 샴푸의 흡습성분 입자들에 의해 모발에서 떨어져 물 속에 용해된다.
④ 깨끗한 물로 계속 헹구어내면 물 속에 용해된 기름때들은 완전히 떨어져나가게 된다.

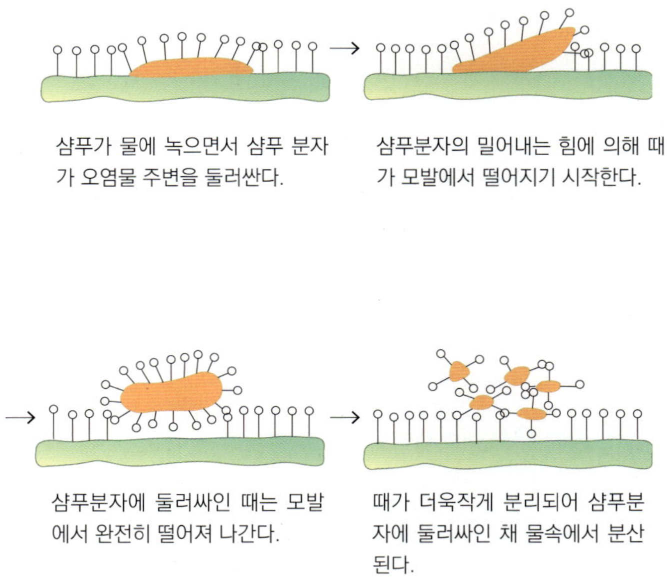

그림 2-4 **샴푸의 세정작용**

2) 샴푸 세정작용 3단계

샴푸의 세정작용을 더욱 자세히 살펴보면 다음의 3단계 작용이 필요하다.

(1) 가용화(solubilization)

때 중에서도 유지분이 많아 녹기 어려울 경우에는 비교적 다량의 계면활성제를 배합한다. 그렇게 하면 유지분자를 계면활성제의 분자가 친수기를 외측으로 해 감싸 이것을 용해한다. 이 역할을 가용화라고 한다.

이때 사용하는 활성제는 친수성이 높은 것을 선정해 사용한다. 가용화된 유지는 작은 입자가 되어 완전히 수중에 분산되고 용액은 반투명하게 된다.

(2) 미셀형성(micelle formation)

미셀이란 분자의 집합체로서, 계면활성제의 농도가 아주 낮은 용액에서는 분자가 여기저기 흩어져 존재하고 있지만 어느 정도 이상의 농도가 되면 그림 2-6과 같은 형태의 미셀을 형성한다. 이 농도를 미셀한계농도라 한다.

이 미셀한계농도는 세정작용에서 커다란 의미를 가지고 있는데, 즉 이 한계이상의 농도가 되지 않으면 세정제로서의 역할을 발휘할 수 없다. 따라서 한계농도가 낮은 세제일수록 경제적인 세제이다. 샴푸제를 사용할 때도 이 농도 이하로는 샴푸제를 낭비할 뿐으로 본래의 성능은 발휘되지 않게 된다.

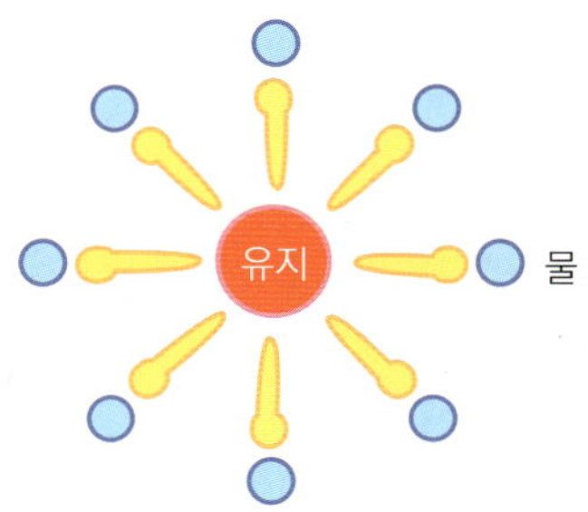

그림 2-5 **유지의 가용화 모형**

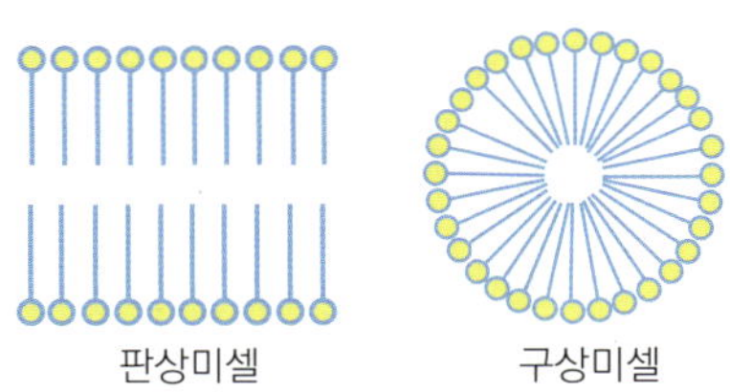

그림 2-6 **미셀형성**

(3) 모발에의 흡착(absorption)

샴푸를 한 후에는 물을 사용해 모발에 부착해 있는 계면활성제를 충분히 씻어내 깨끗한 모발로 해야 하는데, 이때 일부의 계면활성제는 모발 표면에 흡착막을 만들어 잔류하는 경우가 있다.

본래 모발을 형성하는 케라틴은 양극성을 가진 것으로 계면활성제와의 친화력이 강하기 때문에 샴푸제가 모발에 흡착되기 쉽다. 이같은 성질이 가장 강하게 나타내는 것은 양이온 활성제이고 비이온활성제가 제일 약하다.

이 같은 모발과의 흡착은 좋은 면과 나쁜 면 두 가지가 있는데 좋은 면은 모발표면에 엷은 피막을 형성해 수분의 발산을 막아 모발을 유연화하는 효과이고(양이온 린스가 그 예), 나쁜 면은 샴푸제가 모발에 흡착되어 세제 농도를 저하해 미셀한계 농도 이하가 되어 세정능력을 잃을 수가 있다는 것이다.

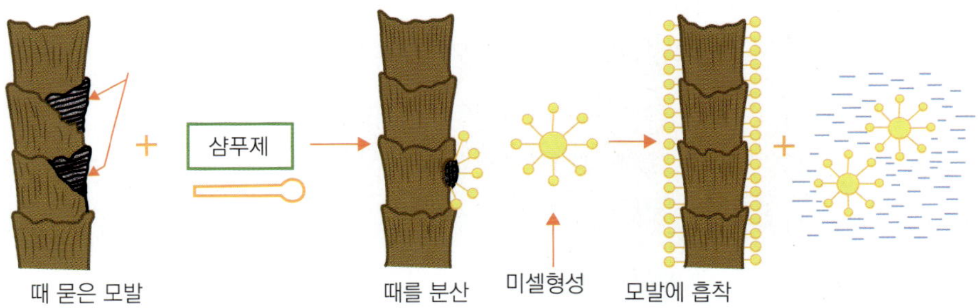

그림 2-7 **세정작용 모형도**

7. 샴푸와 물

물은 크게 나누면 경수(hard water)와 연수(soft water) 두 종류로 나뉜다. 화학적으로 물은 수소와 산소로 구성되어 있으며 미네랄의 종류와 양에 따라서 경수와 연수로 구분된다. 생물체를 구성하는 원소 중에서 탄소, 수소, 산소의 3원소를 제외한 원소를 미네랄(mineral) 또는 무기염류(in organic salt)라고 한다.

미네랄은 단백질, 지방, 탄수화물, 비타민과 함께 5대 영양소의 하나이다. 체액이나 뼈, 치아 등의 성분으로 비타민이나 물과 마찬가지로 직접 에너지원이 되지는 않지만 신체의 기능조절에 있어서 중요한 역할을 하므로 인간의 생존 상 필수 불가결한 미량성분이다. 인체에는 40여 종의 미네랄이 존재하는데 미량의 미네랄은 건강과 생활에서 중요한 역할을 하고 있다.

이렇게 미네랄이 지나치게 많이 함유된 물을 경수 또는 센물이라고 부른다. 즉 경수에는 칼슘이온이나 마그네슘이온 등의 미네랄이 140ppm 이상 함유되어 있는 물을 말하며, 연수란 단물이라고도 하는데 칼슘, 마그네슘, 납 등이 140ppm 이하 함유되어 있는 물을 말한다. 일반적으로 지하수 등은 경수인 경우가 많다.

표 2-1 **세포 내의 대표적인 미네랄의 종류와 기능**

물 질	기 호	기 능
칼슘	Ca	뼈와 치아의 구성 성분으로 체중의 약 2%를 차지한다.
구리	Cu	적혈구와 헤모글로빈 합성에 요하다.
철	Fe	헤모글로빈의 구성 성분으로 산소 운반에 관여한다.
셀레늄	Se	항산화제로 작용한다. 노화억제 작용(과산화지질 억제) 무기질 항산화제(mineral antioxidant)라고도 한다.
규소	Si	뼈의 구조와 성장에 필요하다.
아연	Zn	상처치유와 효소의 활성화에 필요하다. 세포의 분열과 재생을 돕는다.
나트륨, 칼륨	Na, K	신경을 통해 흐르는 전기적 신호로 작용한다.
황	S	모발, 피부, 손톱, 발톱 등의 유지에 필요하다. 피부와 모발을 윤택하게 하며 세균감염의 저항성을 기른다.
게르마늄	Ge	체내에 산소의 공급을 원활하게 하여 면역 기능을 증가시키며 자연치유력을 높여 준다.
요오드	I	해조류에 많이 함유되어 있다. 결핍되면 갑상선의 기능저하가 일어난다.

비누타입의 세정제를 사용하면 비누의 주성분인 지방산과 칼슘이나 마그네슘이온이 결합하여 불용성인 금속비누를 만든다. 그 결과 거품도 잘 일지 않고 세정력도 저하된다. 이것은 온천물에서 비누거품이 잘 나지 않는 것으로도 알 수 있다. 지역에 따라서는 경수지역도 있으므로 비누타입의 세정제를 사용할 때에는 끓이거나 이온교환지수법으로 연수화하여 사용해야 한다.

특히 퍼머, 염색 등을 행할 때에도 경수의 사용은 피하는 것이 좋다. 또한 양이온성 계면활성제가 함유된 살균제의 경우에 경수가 첨가되면 살균성의 효과가 떨어진다는 것도 염두해 두어야 한다.

한편 비누 이외의 세정제, 즉 고급 알콜계의 계면활성제나 양성 계면활성제 등을 주제로 사용하고 있는 샴푸는 경수의 영향을 받지 않으므로 거품도 충분하고 세정효과도 저하되지 않는다.

일반적으로 사용하고 있는 샴푸는 거의가 고급알콜계의 계면활성제를 주원료로 하는 것이므로 물에 대해서는 큰 염려를 할 필요가 없다. 그러나 대체로 샴푸에 적합한 물은 연수이며 가장 적절한 온도는 약 38℃ 정도로 손목 안쪽에 대어보아 약간 미지근한 느낌이 드는 정도가 바람직하다.

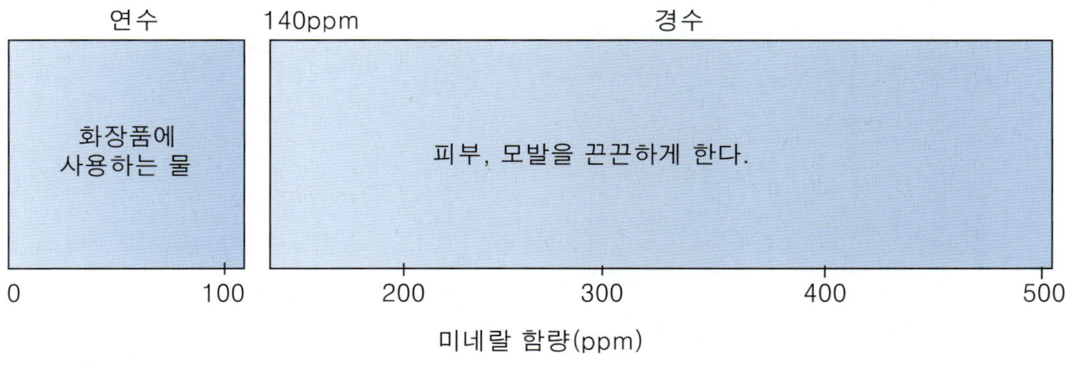

그림 2-8 **연수와 경수의 구분**

8. 샴푸의 pH

샴푸는 모발을 세척하여 청결하게 하고 아름답게 하며 위생적으로 유지시켜 주기 위한 것이다. 모발과 두피의 청결과 건강을 유지하기 위해서 샴푸는 필수적이며 모발의 건강과 미에 중요한 작용을 한다. 모발은 미생물이 성장하는 데 좋은 장소가 되기 때문에 샴푸로 먼지, 때, 비듬, 과잉의 피지 등을 제거해야 한다. 샴푸에는 야자유나 소기름에서 얻은 고급 알코올에 친수성기를 결합한 라우릴황산나트륨(sodium lauryl sulfate, SLS)가 많이 사용되고, 피부에 대한 안전성과 물에 녹는 성질을 더욱 높인 라우릴에테르황산나트륨(sodium lauryl ether sulfate, SLES)도 널리 사용된다.

만일 샴푸 대신 비누로 머리를 감으면 비누와 중금속이 결합해 불용성 물질을 형성하고 이들이 모발에 끈끈하게 달라붙어 모발에 대한 부드러움과 매끄러움을 잃어버리게 한다. 또한 비누는 샴푸에 비해 세척력이 약하며 염색이나 탈색 후 또는 습진 등의 피부염이 있는 사람에게는 금기이다. 또한 모발은 알칼리에 팽윤되어 거칠어지는 성질이 있다. 따라서 비누를 사용하면 모발이 손상될 우려가 높다.

샴푸는 산성이나 중성으로 되어 있으므로 비누에서 나타나는 현상, 즉 모발이 팽윤되거나 거칠어질 염려가 없다. 비누가 알칼리성을 나타내는 것은 약산인 지방산과 강염기인 수산화나트륨으로 이루어진 염으로 되어 있기 때문이다. 그러나 샴푸의 계면활성제는 강산과 강염기로 이루어져 있어 결과적으로 수용액의 액성은 중성부근을 나타낸다. 현재 우리 나라에서 시판되고 있는 샴푸는 대부분 pH가 6~7 사이로, 샴푸의 pH는 약산성에서부터 중성의 범위에 들어 있다.

pH가 모발에 미치는 영향을 먼저 모발의 인장강도란 점에서 보면 살펴볼 수 있다. 인장강도란 모발의 파손이 생기는 부하가중이란 것이다. 이것에 의하면 pH 4~7의 범위에서는 거의 일정한 높은 값을 나타내지만 pH 4 이하, 즉 강산성영역에서는 pH가 내려감에 따라 인장강도도 저하되고 있다. 또 pH가 8 이상인 알칼리영역에서도 모발이 팽윤하기 때문에 인장강도가 저하된다. 이와 같이 산성이 강하거나 반대로 알칼리성이 강해도 모발에 영향을 준다. 따라서 샴푸의 pH는 모발에 너무 영향을 주지 않는 pH 4~7의 약산성에서부터 중성영역이 가장 적당하다.

9. 샴푸의 종류와 특성

샴푸는 목적에 따라 크게 네 가지로 분류할 수 있다. 첫째는 두피나 모발의 더러움을 제거하는 목적으로 행하는 플레인 샴푸(plain shampoo), 둘째는 아름다운 모발과 두피의 건강을 유지할 목적으로 행하는 트리트먼트 샴푸(treatment shampoo), 그리고 특수한 목적을 가진 기능성 샴푸와 드라이 샴푸가 있다. 특히 트리트먼트 샴푸에는 목적에 따라 다양한 종류의 샴푸가 있으며, 또한 샴푸제의 성분에 따라 비누샴푸, 고급알콜계 샴푸, 산성 샴푸 등으로 나눌 수도 있다.

1) 플레인 샴푸(plain shampoo)

(1) 보통샴푸(general shampoo)

모발, 두피를 깨끗이 하는 것이 목적이지만 때가 떨어지면 좋다는 식의 샴푸제나 샴푸방법으로는 고객의 신뢰를 잃게 되게 되기 때문에 바른 샴푸를 할 필요가 있다. 샴푸 전에 가볍게 브러싱해 두피에 있는 비듬이나 먼지를 털어 낸다. 이때 지나친 자극으로 두피에 자극을 주거나 상처가 나지 않도록 주의한다. 그 다음 온수로 가볍게 씻어 모발의 정전기 발생을 방지하여 때의 부착력을 약하게 함과 동시에 샴푸제의 침투성 및 기포성을 높여준다. 1회의 샴푸가 끝나도 때의 잔류가 있기 때문에 2회 째는 처음의 절반 정도의 샴푸제를 사용해 충분히 마사지해 고객에게 쾌감을 주도록 샴푸한다. 이 때 온수로 샴푸제의 거품이 남지 않도록 충분히 헹군다.

타월 드라이 전에 린스를 한다. 샴푸제가 알칼리성인 경우는 산성 린스를 하지만 중성의 경우는 크림 린스를 하는 것이 일반적이다. 샴푸 직후에 퍼머넨트나 염색을 할 경우는 크림린스나 산성린스는 사용하지 말고 퍼머넨트나 염색이 끝난 후 트리트먼트를 충분히 하도록 한다.

타월로 충분히 닦은 후에 정발료를 묻혀 세트한다. 세트시 드라이어를 사용할 때 물을 흡수한 모발은 저온(60~80℃)에서 케라틴은 변성을 일으키기 쉽기 때문에 충분히 주의할 필요가 있다. 이상은 일반 건강모에 대한 샴푸이지만 모발이 건성모나 염색모, 탈색모 등인 경우는 트리트먼트 샴푸를 한다.

(2) 프리샴푸(pre-shampoo)

이것은 퍼머넨트웨이브, 염색, 탈색 직전에 하는 샴푸나 각종 헤어 트리트먼트 하기 전에 하는 샴푸이다. 이 목적은 사용 약제의 모발에 작용을 균일하게 동시에 신속하게 작용되도록 하기 위한 것으로 여기에는 석유계의 샴푸제가 좋다. 이때 두피에 해가 없도록 스켈프(scalp) 트리트먼트를 미리 해둔다.

(3) 애프터 샴푸(after-shampoo)

염색, 탈색 등을 시술한 후에 실시하는 샴푸로, 모발에 약제를 사용해 화학반응시킨 뒤이므로 모발을 많이 비비지 말고 부착되어 있는 약제를 헹궈내도록 한다. 이때 사용하는 샴푸제는 산성샴푸가 적당하다. 알칼리나 중성 샴푸제는 웨이브를 약하게 하거나 염료를 다시 유출시킨다.

2) 트리트먼트 샴푸(treatment shamopoo)

모발이나 두피를 건강하게 유지할 목적으로 행하는 것으로 다음과 같은 종류가 있다.

표 2-2 **트리트먼트 샴푸의 종류와 목적**

종 류	목 적
소프트 터치 샴푸(soft touch shampoo)	모발의 유연작용
댄드러프 샴푸(dandruff shampoo)	비듬 제거용 샴푸
이치리스 샴푸(itchless shampoo)	가려움 멈춤용
브릴리언트 샴푸(brilliant shampoo)	모발광택용
드라이 프리벤티브 샴푸(dry preventive shampoo)	모발건조 방지용
져미사이드 샴푸(germicide shampoo)	소독살균용 샴푸
리컨디셔닝 샴푸(reconditioning shampoo)	손상회복용 샴푸
뉴티리티브 샴푸(nutritive shampoo)	영양보급용 샴푸
데오도란트 샴푸(deodorant shampoo)	악취제거용 샴푸

3) 스페셜 샴푸(special shampoo)

(1) 컬러 샴푸(color shampoo)

염색용 샴푸로서 모발 자체에는 아무런 영향을 주지 않고 샴푸만으로 일시적인 색상을 착색시키는 샴푸이다. 식물성 염료인 헤나(henna)를 주성분으로 하는 제품이 많은데 이것은 어두운 색상의 모발에 붉은 색을 내기 위하여 사용된다.

(2) 블리치 샴푸(bleach shampoo)

탈색용 샴푸로서 모발 색을 전체적으로 밝게 하고 싶을 때 사용한다. 보통 샴푸액에 일정비율의 탈색제를 섞어 사용하기도 하고 과산화수소를 3% 정도의 비율로 섞어 넣거나 식물성 염색제의 일종인 카모밀(camomile)을 섞어 사용하기도 한다.

(3) 컬러 픽스 샴푸(color fix shampoo)

염색된 모발의 색상을 오래 유지하기 위한 컬러 고정용 샴푸이다.

4) 드라이 샴푸(dry shampoo)

(1) 분말샴푸(powder shampoo)

주로 산성 백토에 카올린, 탄산마그네슘, 붕사 등을 섞어서 사용하는데 이는 지방성 물질을 흡수하는 기계적인 세정작용을 한다. 빗으로 모발을 나누면서 분말을 뿌리고 두부전체에 작용할 수 있도록 마사지하고 약 20~30분 후 브러싱에 의해 분말을 제거한 다음 헤어토닉을 묻힌 탈지면 등으로 남아있는 분말을 닦아낸다.

(2) 에그분말 샴푸(egg-shampoo)

달걀의 흰자만을 사용하는데 흰자를 저어 거품을 낸 후 팩의 요령으로 두발에 발라 완전히 건조한 다음 브러싱하여 분말을 제거한다.

(3) 리퀴드 드라이 샴푸(liquid shampoo)

벤젠이나 알콜 등의 휘발성 용제를 사용하여 헤어 피스, 위그 등을 세정한다. 솜에 용액을 묻혀 머리카락을 깨끗이 닦아내거나 가발 등을 용액에 12시간 담구어 두었다가 꺼내어서 타월로 닦은 후 응달에 말린다.

(4) 토닉샴푸(tonic shampoo)

헤어토닉을 사용하여 두발을 세정하는 방법이다.

5) 샴푸제의 성분에 따른 분류

(1) 비누샴푸

비누는 일반적으로 동물성 유지를 수산화나트륨이나 수산화칼륨 등의 알칼리로 중화시켜 얻는다. 비누의 세정성은 작용이 온화하고 거품도 좋고 세발 후의 모발감촉도 좋게 하기 때문에 합성세제에 알러지반응이 있는 사람이 사용한다. 비누를 물에 녹인 액은 알칼리성으로 모발을 팽윤시키는 작용이 있지만 실제로 샴푸를 하는 시간은 짧고 알칼리도 적으므로 알칼리에 의한 모발의 손상은 거의 없다.

그러나 경수를 사용했을 때에는 물 속에 포함된 칼슘이나 마그네슘 같은 금속이온과 결합하여 불용성인 금속비누를 형성하므로 주의해야 한다. 경수를 사용하면 거품이 잘 나지 않고 세정력이 낮을 뿐 아니라 불용성인 금속비누가 모발에 부착하여 감촉이나 광택을 없애버리며 탈모의 원인이 되기도 한다. 또 퍼머넨트 웨이브나 헤어컬러링을 할 때 약액의 침투를 방해하게 되므로 충분히 씻어낼 필요가 있다.

(2) 고급알콜계 샴푸

샴푸제에는 각종 세정제가 사용되고 있으나 그 중에서 가장 넓게 사용되고 있는 것이 고급알콜계의 세정제이다. 이 계통의 세정제에는 천연유지를 원료로 하는 것과 석유로부터 합성되는 것이 있다.

천연유지로는 야자유 등이 사용되는데 이 두 원료의 세정력, 기포성, 용해성 등 기본적 효과의 차이는 별로 없다.

(3) 산성 샴푸

산성 샴푸는 구연산, 인산, 연산 등에 의해 pH가 5~6 정도의 약산성으로 조정되어 있다. 이 산성 샴푸는 헤어컬러링이나 퍼머넨트 웨이브를 시술한 모발에 알맞도록 처방되어 있다. 즉 헤어컬러링이나 퍼머넨트 웨이브의 시술 횟수가 많아지게 되면 모발의 pH도 약간이라도 알칼리성으로 기울어지게 된다.

산성 샴푸의 pH는 모발의 등전점 부근에 있기 때문에 모발의 팽윤이 적도록 억제되므로 헤어 컬러링에는 가장 알맞다.

(4) 항비듬성 샴푸

일명 약용 샴푸제라고도 한다. 제품으로서는 지성 두피제와 건성 두피제로 시판되고 있다. 두피 부분에 골고루 이 제품을 발라 5분 이상 방치한 후 두피 마사지를 하고 샴푸를 한다.

항비듬성 샴푸는 살균제 징크피리티온(Zinc pyrithione)이 함유되어 있어 1주일에 2회 정도로 사용해 주면 비듬의 원인이 되는 미생물을 살균하는 효과를 볼 수 있다.

(5) 비듬제거용 샴푸

비듬제거용 샴푸는 두피의 노화각질과 피지의 분해 산화물이 혼합된 노폐물로써 비듬을 제거하는데 사용되며, 성분으로는 유화셀린과 같은 특수한 유황화합물을 배합한 것으로 노화각질을 용해시키는 작용을 갖고 있다.

(6) 베이비 샴푸

어린이 전용 샴푸로써 탈지력이 약하고 피부나 눈에 대한 자극이 낮은 활성제를 사용하고 있다. 일반적으로 저자극성 샴푸이다.

(7) 논스트리핑 샴푸

pH가 낮은 산성의 샴푸로서 두발을 자극하지 않으므로 염색 또는 탈색한 모발에 색상이 제거되지 않으면서 깨끗하게 두발을 샴푸한다.

(8) 컨디셔닝 샴푸

소량의 동물성, 식물성, 광물성 성분을 첨가하여 두발의 장력과 다공성을 증진한다.

(9) 허벌 샴푸

고급 알콜계 세제 사용, 7가지 식물 약초 엑기스를 함유하며 두피 생리기능을 조절하면서 소염, 탈취, 살균, 단백질 합성, 건조작용과 세정작용을 한다. 건강모, 유성모, 퍼넨트 웨이브 전, 헤어컬러링 전·후에 사용하면 좋다.

(10) 프로테인 샴푸(protein shampoo)

누에고치에서 추출한 성분과 난황성분을 함유한 샴푸로서 모발에 영양분을 공급해주는 트리트먼트 샴푸이다. 손상모에 대해 마일드한 세정작용과 케라틴 보호작용이 있다. 퍼머넨트 웨이브 후의 화학적 손상모, 염색모에 사용한다.

(11) 산성 균형 샴푸제

알칼리성 제품을 사용한 두발에 산성을 유지해 줌으로써 두발 본래의 pH가 바뀌지 않도록 해준다.

10. 두피상태별 샴푸 방법

1) 샴푸의 기본 테크닉

① 샴푸는 매일 하는 것이 기본이다.
② 샴푸제는 모발과 두피에 부담을 주지 않는 것을 사용한다.
③ 2번 씻는 것이 기본이며 첫 번째는 두피세정, 두 번째는 모발용으로 나누어 쓰는 것이 효과적이다.
④ 두피용 세정제는 피부표면에 스며들도록 마사지하며 씻는다.
⑤ 모발용은 손으로 충분히 거품을 내고 모발이 많은 부분부터 씻기 시작한다.
⑥ 샴푸는 마사지 요령으로 두피에 손톱이 닿지 않고 손가락 안쪽전체로 비비듯이 한다.
⑦ 샴푸가 두피에 남아있지 않도록 평소 사용량의 2배의 온수로 충분히 헹구어 낸다.
⑧ 헹구는 사이 온수와 냉수를 교대로 쓰면 온냉효과에 의해 피지의 분비를 억제하고 혈액순환에 도움을 준다.

2) 두피유형별 샴푸

(1) 정상 두피의 샴푸 방법

① 브러싱
② 플레인 린스(물로 헹군다)
③ 헤어 샴푸(샴푸제 도포)
④ 스컬프 머니퓰레이션(manipulation)
⑤ 플레인 린스
⑥ 컨디셔닝(린스제를 두발에 흡착시켜 영양공급)
⑦ 헤어 마사지 후 지압
⑧ 플레인 린스
⑨ 타월 드라이

(2) 건성두피의 샴푸 방법

두피가 건조하여 비듬이 생기거나 알칼리성이 강한 샴푸제를 사용했거나 염색이나 퍼머넨트 웨이브 등으로 두발이 건조해졌을 때에는 세발 전에 헤어 오일, 영양 오일을 사용하여 스켈프 머니퓰레이션(scalp manipulation) 후 세발한다.

건성두피라인

여성두피에 많은 건성타입스크프 측정시 확실히 구별이 되며 비듬이나 각질 등이 많이 눈에 띤다.

① 스켈링 로션(Scaling Lotion)

비듬이나 노화각질을 제거해 주는 샴푸 전 처리제

• **효과**

건성두피에 촉촉함을 주고 비듬제거와 가려움증을 해소시켜 준다. 각질이 많거나 탈모 및 문제성 있는 부위의 두피에 발라주는 제품으로 일반적으로 건성과 중성타입에 사용하며 Cotton을 이용하여 두피에 바른다.

• **주요성분**

비타민 B 유도체 : 두피와 모발에 촉촉함과 두피에 건강을 준다.

레졸신 : 각화용해 작용을 돕는 성분으로 노화각질을 쉽게 제거시켜 준다.

염화 벤졸큐늄 : 살균작용, 미생물 발생 억제 작용으로 비듬과 가려움증을 완화시켜 준다.

플로필린글리콜 : 항산화제, 보습제

② 두피의 조직을 정상화시키고 건강한 모발로 재생시키는 고농축 세럼

수분과 유분의 공급으로 건조한 두피의 조직을 정상화시키고 두피와 모발의 재생을 촉진시킨다. 두피의 스켈링 후 물기를 제거하고 두피전체에 도포하여 가볍게 마사지한다.

• 효과

보통두피나 건성두피에 사용되는 신경성 탈모용 육모제 로션이다. 두피의 세포를 정상화하고, 노화와 탈모를 방지해주며 가려움 예방과 발모촉진, 보습효과가 있다.

• 주요성분

비타민 E : 말소혈류를 촉진시킨다.

비타민 B : 세포의 활력을 주고 새치예방에 도움을 준다.

센브리 엑기스 : 피의 흐름을 촉진한다.

프리센타 엑기스 : 보온작용

β글리칠리틴산 : 염증 억제

③ 모공수축과 비듬을 제거해 주는 천연 정유

천연정유로 잘 흔들어서 사용해야 한다. 아로마 효과가 있어 심리적 안정효과와 차가운 청량감, 두피의 청결, 모공수축 및 비듬과 가려움증을 완화시켜 준다.

• 주요성분

용담과의 풀 엑기스, 맨톨, 캄풀(소염작용)

(3) 지성두피의 샴푸 방법

헤어 오일이나 헤어 토닉을 두피에 묻히고 두피 마사지를 한 다음 식물성 샴푸제로 세발하면 도움이 된다.

지성두피라인

남성두피에 많은 지성타입.
눈에는 덜 보이지만 기름에 덮여있으며 반짝이는 정도로밖에 판정이 나지 않는다.

① 피지나 각질을 제거해주는 샴푸 전처리제

• 효과

염증완화, 소염작용 성분인 황백 엑기스와 글리실리틴산 유도체가 들어있다. 혈행이 촉진되고 발열을 시켜주는 고추 엑기스와 지방의 연소를 돕는 켑사이신, 오래된 각질제거를 도와 두피의 연화작용을 시켜주는 살리실산 등이 첨가되어 있다. 거즈를 사용하여 두피에 바른다.

• 주요성분

비타민 B 유도체 : 두피와 모발에 촉촉함과 두피에 건강을 준다.

레졸신 : 각화용해 작용을 돕는 성분으로 노화각질을 쉽게 제거시켜 준다.

염화 벤졸큔늄 : 살균작용, 미생물 잘생 억제 작용으로 비듬과 가려움증을 완화시켜 준다.

멘톨 : 가려움증 완화를 도우며 청량감과 시원한 느낌을 준다.

황백엑기스 : 식물성추출물로 모발의 건강을 돕고, 염증을 완화시키는 역할을 한다.

글리실리틴산유도체 : 소염작용(염증완화)으로 문제성있는 두피를 회복시켜 준다.

② 지성두피를 정상화하고 건강한 모발로 자라게 해주는 약용육모제

남성 및 탈모된 두피에서 흔히 볼 수 있는 지성두피용 육모제로 두피의 스켈링 후 물기를 제거하고 두피 전체에 도포하여 약하게 마사지 한다.

- 효과

지성두피를 정상화하고, 탈모를 방지해주는 지루성 탈모용 육모로션이다(피지분비의 정상화 유도)

- 주요성분

비타민 E : 모세혈관을 강화하여 혈류를 촉진시켜 준다.

비타민 B : 피지분비 억제와 세포의 활력을 주고 새치예방에 도움을 준다.

센브리 엑기스 : 혈액순환을 촉진시킨다.

프라센타 엑기스 : 보호작용

(4) 환자의 샴푸 방법

물을 사용하여 샴푸를 할 수 없는 상태이므로 드라이 샴푸를 한다. 거즈를 브러시에 끼워 브러싱하면 두발에 묻어 있는 노폐물들이 거즈에 흡수된다. 이 드라이 샴푸잉은 정상적인 샴푸를 할 수 없는 사람이나 동물, 가발 등에 주로 사용된다.

11. 샴푸잉 시술

헤어 샴푸잉은 헤어스타일을 예비하는 준비단계이자 고객이 미용사의 테크닉을 평가할 수 있는 첫 단계이다.

샴푸잉에 만족한 고객은 미용사의 다른 서비스 권유를 비교적 호의적으로 받아들이므로 샴푸잉은 가치있는 미용실 경영전략이 될 수 있다. 또한 전문적인 샴푸 테크닉은 모발과 두피를 깨끗하게 함과 동시에 편안하고 안락한 기분을 느끼게 하는데 도움이 된다.

1) 샴푸대

(1) 샴푸대의 종류

샴푸의 시술 형식은 고객의 머리를 앞으로 구부려 샴푸하는 형태(front-wash)와 샴푸대에 완전히 눕히거나 앉은 상태에서 목만 뒤로 젖히는 형태(back-wash)가 있다. 일반적으로 미용실에서는 머리를 앞으로 구부리는 형태보다는 뒤로 넘기는 형태를 많이 사용하는데 그 이유는 우선 고객이 편안하게 샴푸할 수 있으며 시술자의 입장에서도 시술하기 편리하기 때문이다.

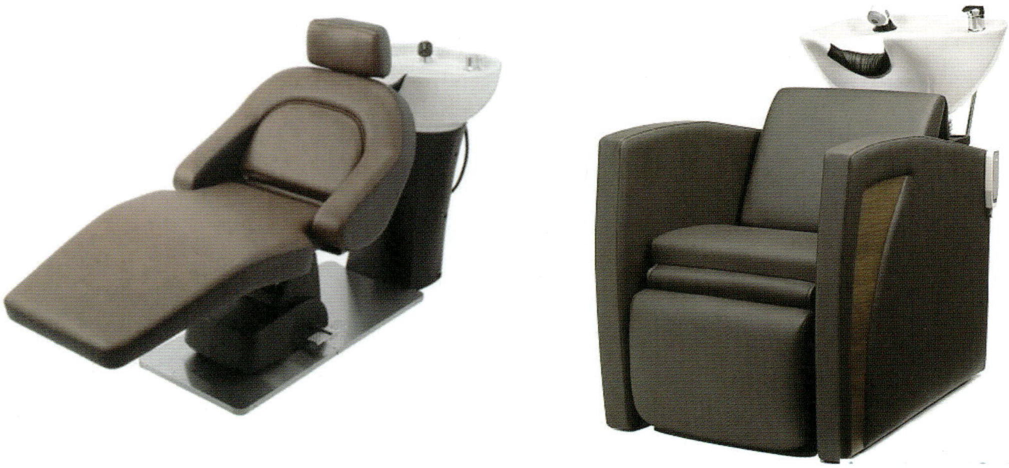

전동샴푸대 수동샴푸대

그림 2-9 샴푸대

특히 고객의 얼굴 쪽으로 물이 흘러내리는 것을 막아 화장이 지워지거나 모발에 시술된 화학약품 등이 눈으로 들어가는 것을 효과적으로 방지할 수 있는 형태이므로 거의 모든 헤어 샵에서는 back-wash 샴푸대를 선호하고 있다.

(2) 샴푸대의 구조

① 필터(filter)

배수관이 막히지 않도록 잔여모발 등을 걸러내는 곳이다.

② 트랩(trap)

배수관을 통해 세균이나 악취가 올라오지 않도록 일정한 양의 물이 고여있도록 한 부분이다.

③ 청소캡(cleansing cap)

오물로 막혀 있을 때 청소해주는 부분이다.

④ 샤워기(spray fitting)

물이 분사되는 꼭지이며 물이 분사되는 형태는 스프레이와 거품 타입이 있다.

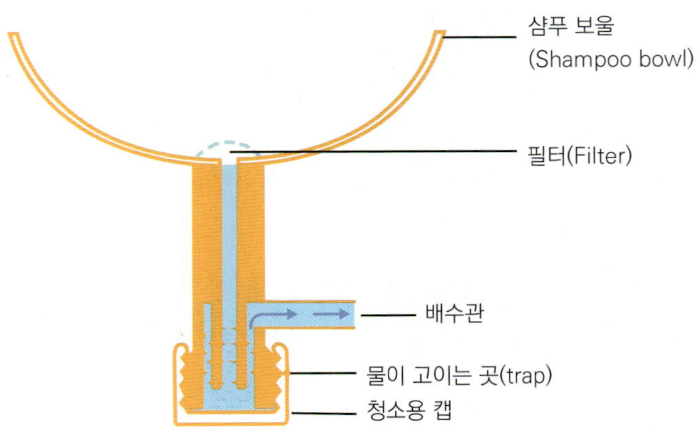

그림 2-10 **일자형 트랩 샴푸대**

2) 샴푸잉 전단계

① 고객을 편하게 시술의자에 앉힌다.
② 시술재료를 선택하고 준비한다.
③ 먼저 시술자의 손을 청결하게 한다.
④ 샴푸보를 두른다.
⑤ 고객의 승낙을 얻어 머리핀, 악세서리, 안경 등을 벗긴 후 안전한 장소에 둔다.
⑥ 두피와 모발의 상태를 확인한다.
⑦ 샴푸보가 샴푸의자 뒤에 놓여져 있는지 확인한다.
⑧ 노출된 부분을 가려주는 동시에 고객의 긴장감을 완화시켜 주기 위하여 무릎보를 둘러준다. 때로는 타월로 고객의 얼굴을 가리기도 하는데 이것은 물이 얼굴에 튀거나 시술자의 입김이 닿는 것을 막기 위해서 사용된다.
⑨ 시술에 적합한 물의 세기 정도와 온도를 조절한다. 이때 온도는 손목 안쪽에 대어보고 감지한다.

3) 샴푸잉 시술

① 두피와 모발을 충분히 적신다. 헤어라인 부분을 시술할 때 고객의 얼굴과 귀, 목 부분에 물이 튀거나 흘러내리지 않도록 보호하기 위하여 시술자의 한 손은 샤워기를 따라 이동해 가면서 모발을 적셔준다.
② 적당한 양의 샴푸제를 취한 다음 손가락 끝의 쿠션을 이용하여 충분히 거품을 내어 시술한다. 샴푸 후에 화학적인 시술이 들어갈 경우나, 두피가 예민할 경우, 고객이 원하지 않을 경우에는 강하게 시술하지 않는 것이 중요하다.
③ 시술이 끝나면 강한 물살로 모발과 두피의 거품을 완전히 헹궈낸다. 특히 목뒷 부분을 철저히 헹구기 위해 손을 정수리 부분에 대고 머리를 들어올려 헹궈준다.
④ 필요하다면 먼저 시술된 방법으로 한 번 더 샴푸를 행할 수 있는데 샴푸제의 양은 처음보다 훨씬 적게 사용하여도 충분하다.

4) 타월 드라이

① 샴푸 후 타월을 이용하여 모발의 물기를 제거한다.

② 타월 모서리 부분을 이용하여 고객의 얼굴, 귀 주위에 남아있는 물기를 완전하게 닦아준다.

③ 고객의 머리를 타월로 감싼 다음 가볍게 두드리거나 모발이 적당히 건조해 질 때까지 부드럽게 마사지한다.

④ 타월 드라이가 완성되면 스타일을 마무리한다.

샴푸의 진행과정 및 테크닉

01 고객이 시술을 받을 수 있도록 샴푸대로 안내한다.

02 샴푸시술에 불편함을 주는 금속이나 귀걸이와 같은 악세사리를 보관하도록 한다.

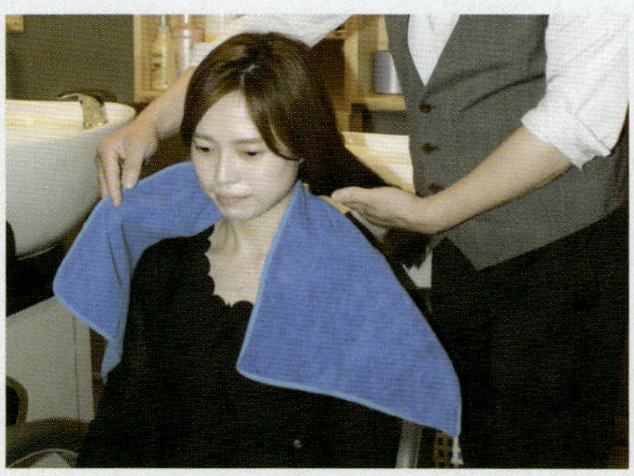

03 고객의 옷이나 신체에 물이 닿지 않도록 타월을 어깨에 두른다.

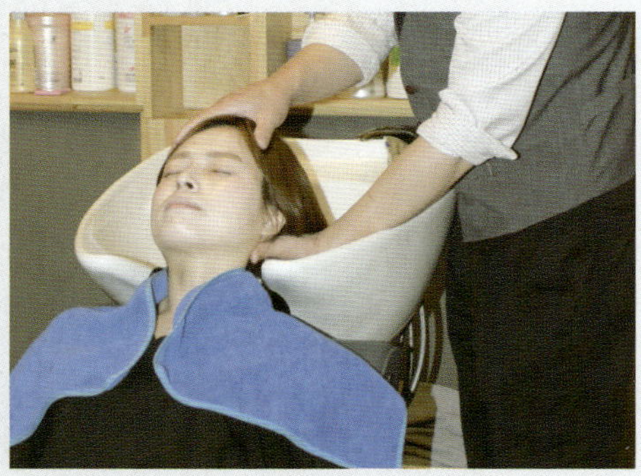

04 고객의 목과 어깨가 샴푸대의 목쿠션에 정위치 하도록 한다.

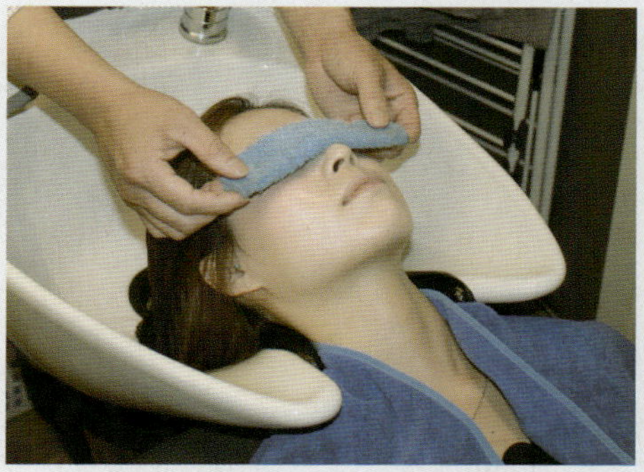

05 고객의 눈이 마주치지 않게 눈을 가려준다.

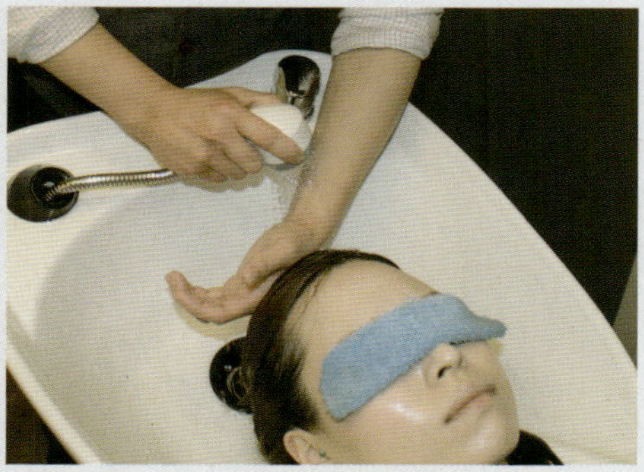

06 모발에 물을 적시기 전에 손목으로 온도와 세기를 측정한다.

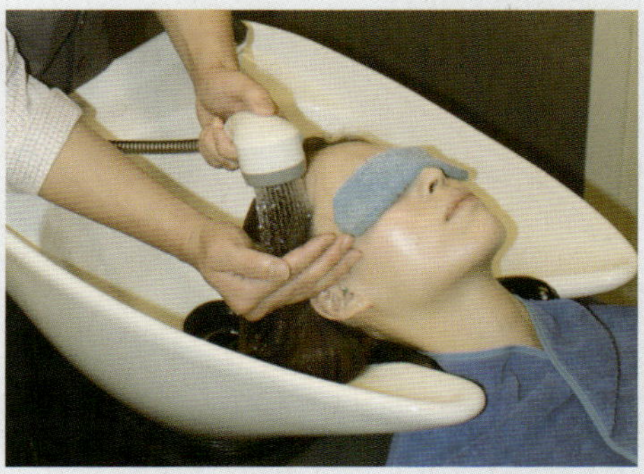

07 알맞은 온도의 물을 모발 전체에 골고루 스며들도록 한다.

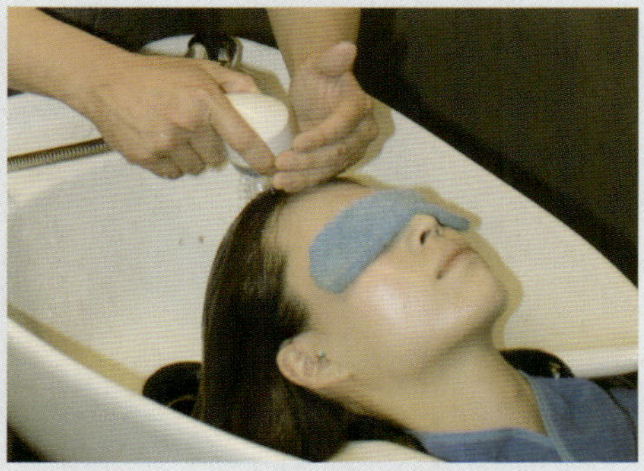

08 페이스라인방향으로 손을 막아 얼굴로 물이 흐르지 않게 한다.

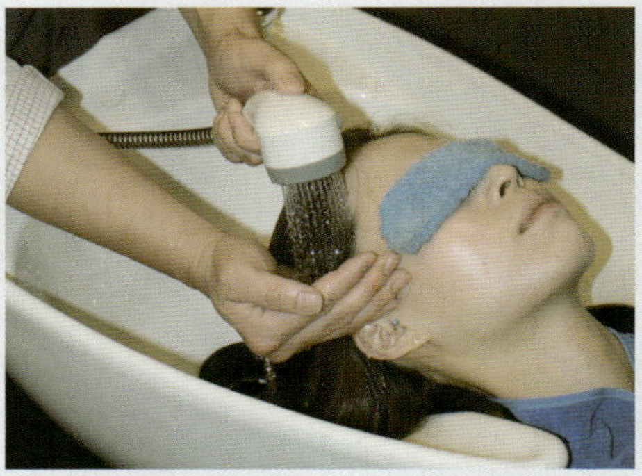

09 프론트 사이드는 귀에 물이 들어가지 않게 그림과 같이 손으로 막아주어야 한다.

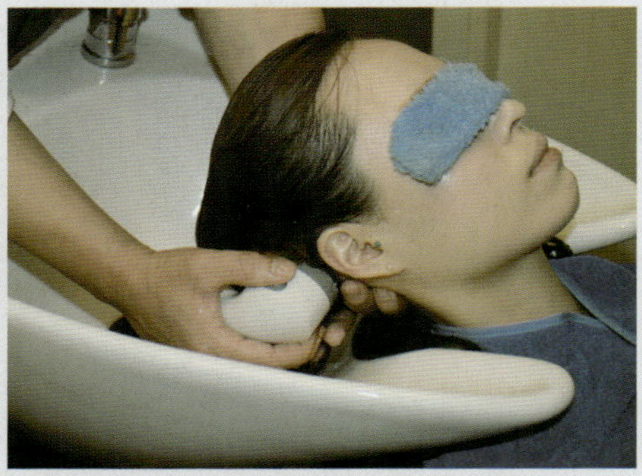

10 네이프쪽은 왼손으로 후두골을 받쳐준 다음 물이 스며들도록 한다.

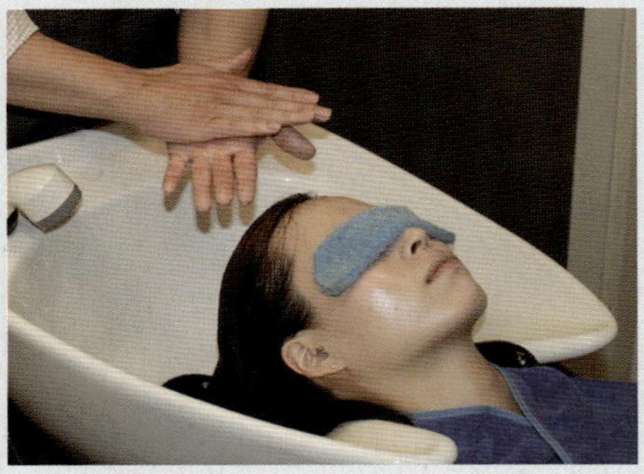

11 샴푸를 도포하기 위해 손바닥에 샴푸제제를 골고루 비벼준다.

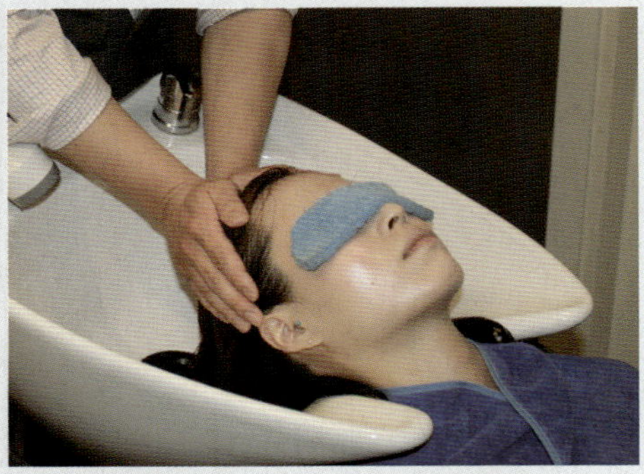

12 정중선을 따라 양쪽으로 골고루 도포한다.

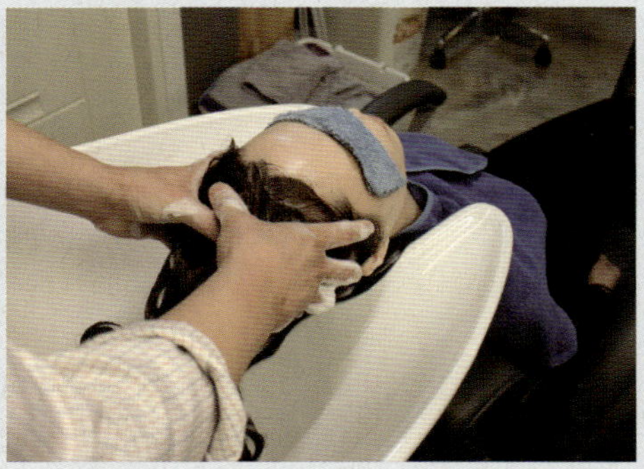

13 프론트 부분부터 두상을 3등분하여 손끝을 적당히 세워 지그재그로 마사지해 나간다.

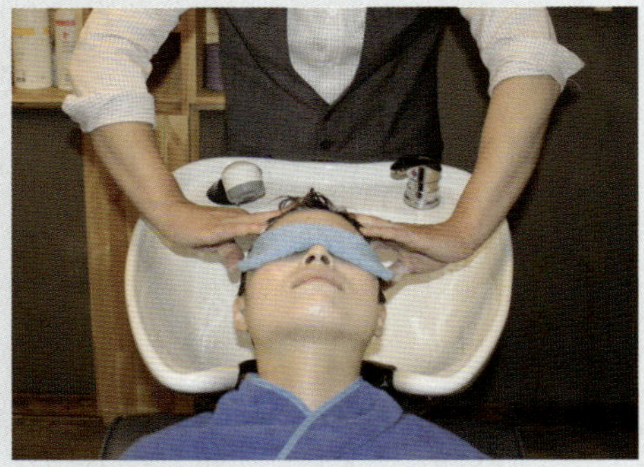

14 후두면은 무릎을 이용하여 자세를 낮추어 준 다음 13번과 같이 지그재그를 해 주면 된다.

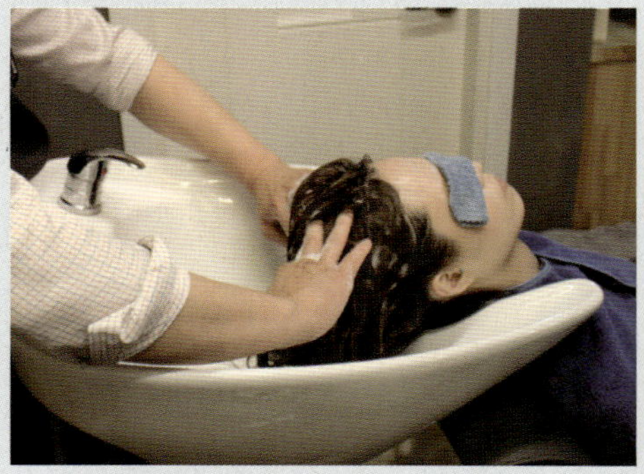

15 네이프 쪽은 두상을 한 손으로 받치고 다른 한손으로 번갈아 가면서 마사지한다.

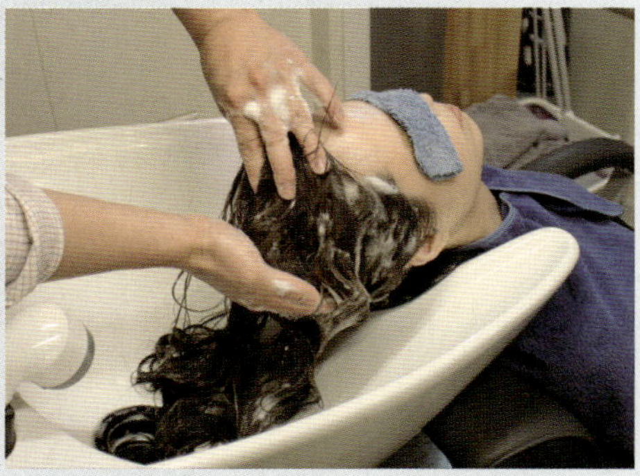

16 13~15까지의 테크닉을 빠르게 반복한다.

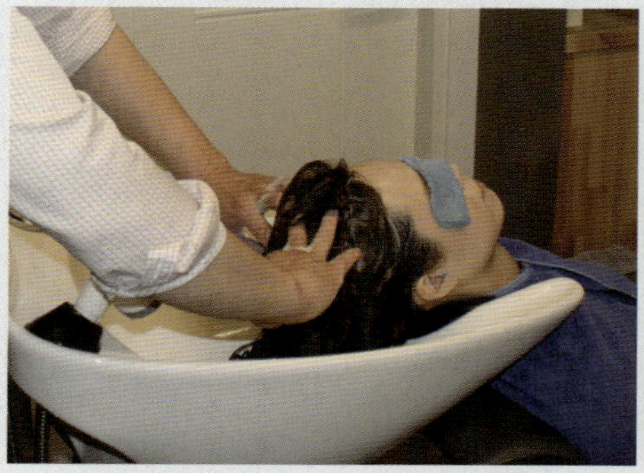

17 양 손을 이용하여 두피를 잡고 전체적으로 튕겨준다.

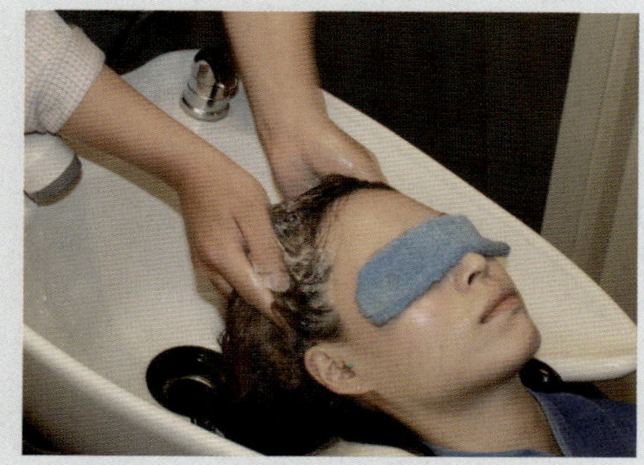

18 전체적으로 머리를 헹궈준다.

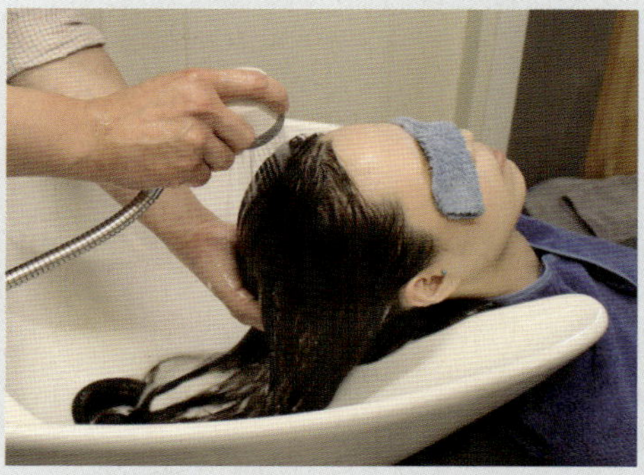

19 물 스프레이로 전체적으로 헹궈낸다.

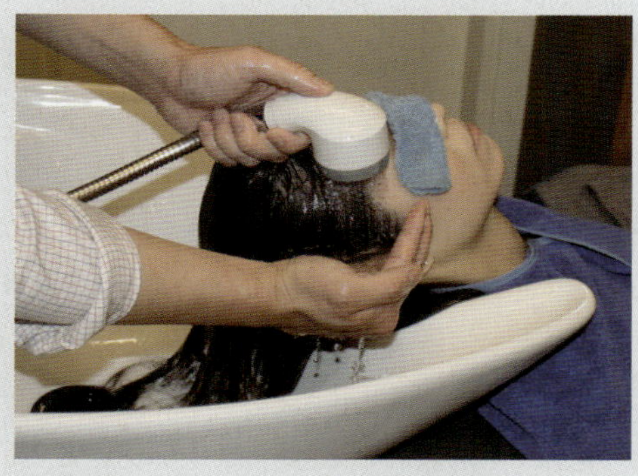

20 특히 귀에 물이 유입되지 않도록 물을 잘 조절하면서 헹군다.

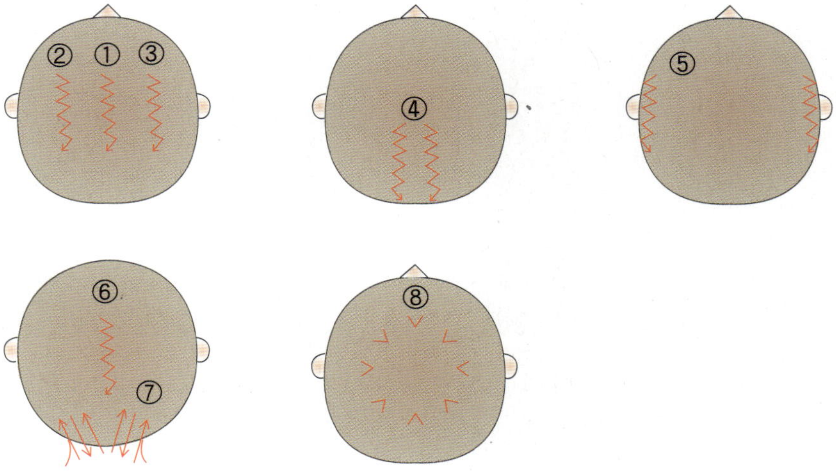

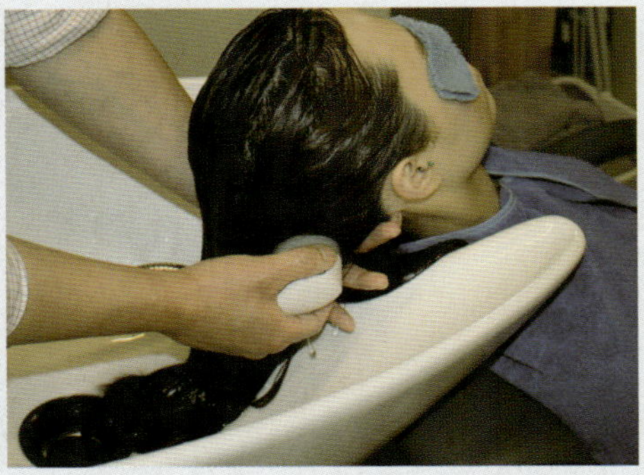

21 네이프 부분은 주의하지 않으면 물이 잘 스며들지 않는 부분인 만큼 신경써서 헹군다.

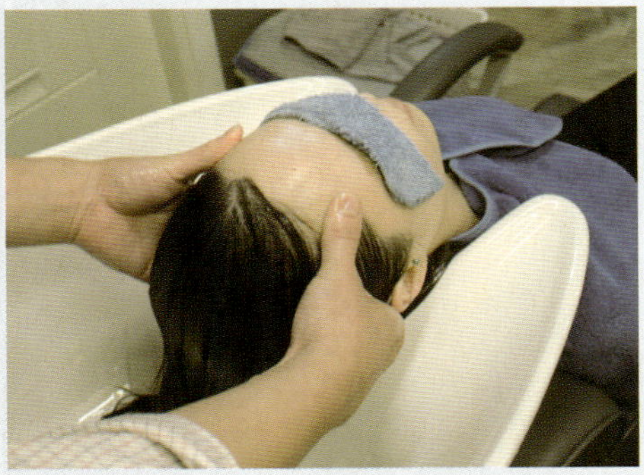

22 페이스라인과 귀를 엄지손가락으로 깨끗하게 훑어준다.

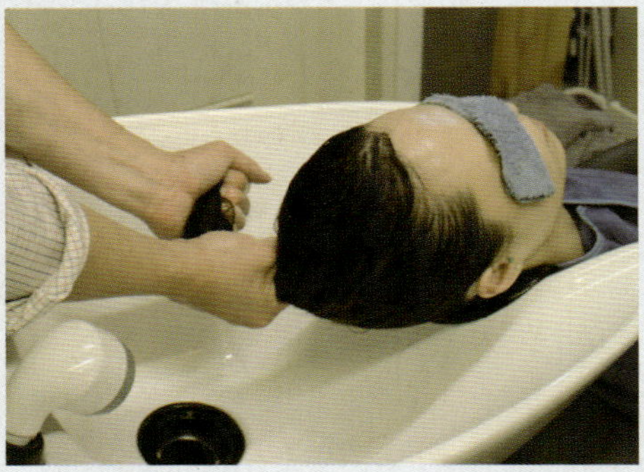

23 포니테일을 만들어 양손으로 가볍게 쥐어 물기를 짠다.

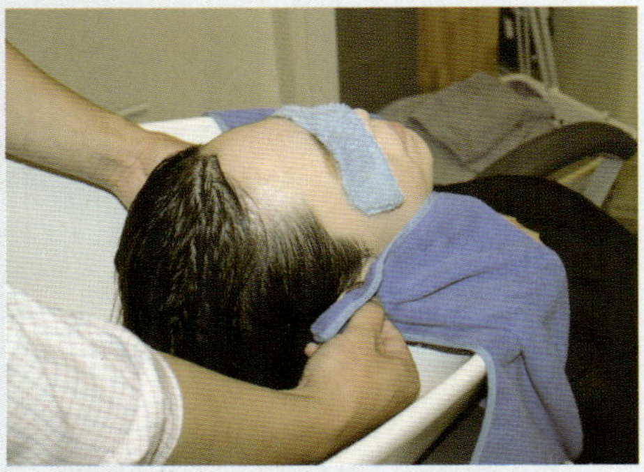

24 어깨에 두른 타월 양끝을 이용하여 귀주변과 안쪽을 꼼꼼히 닦아준다.

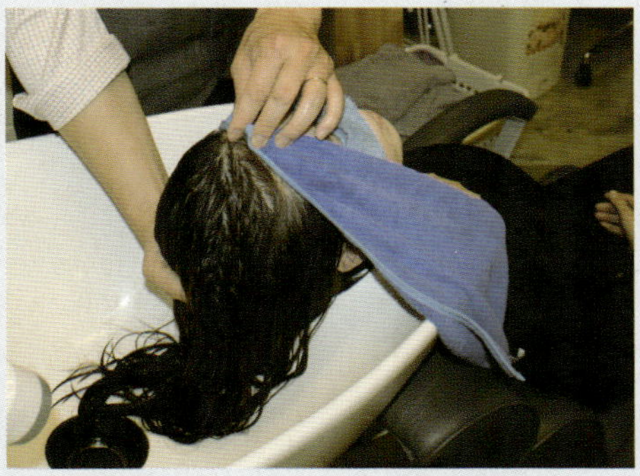

25 페이스라인을 따라 타월의 양쪽 모서리를 포개어 준다.

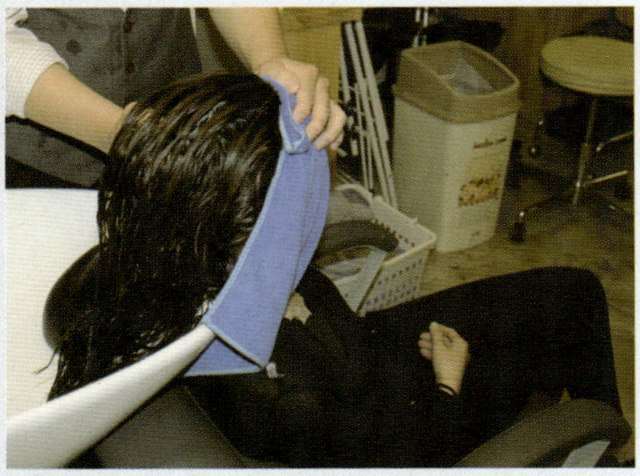

26 샴푸대에서 머리를 받쳐주면서 일어나도록 한다.

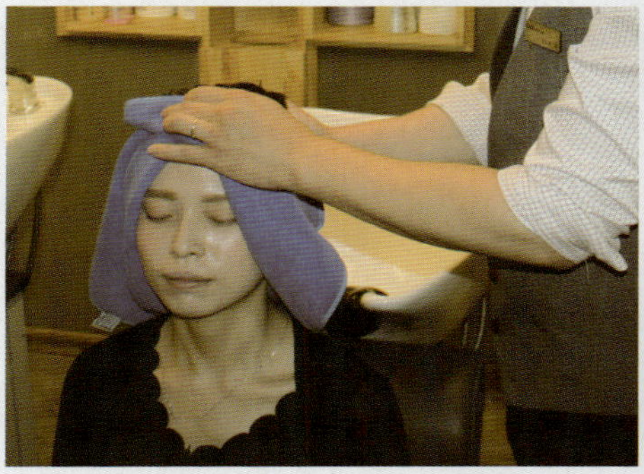

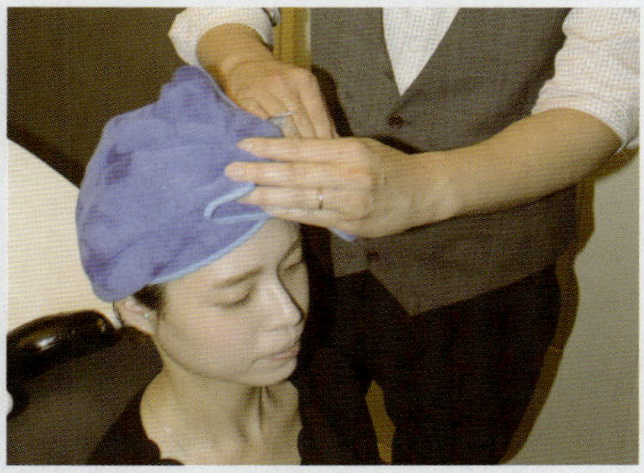

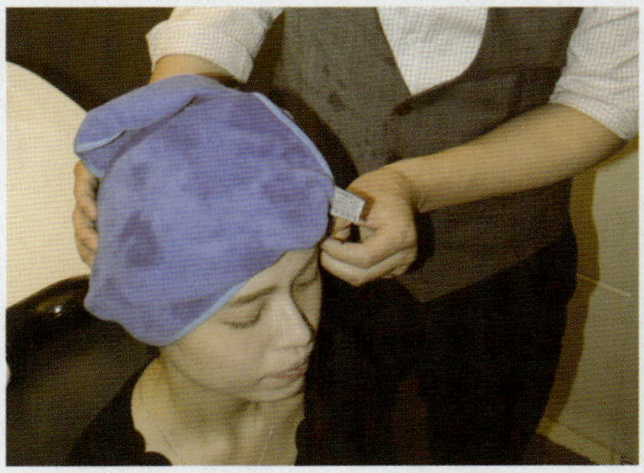

27 - 29 타월을 머리카락이 흘러내리지 않도록 감싸주어 마무리 한다.

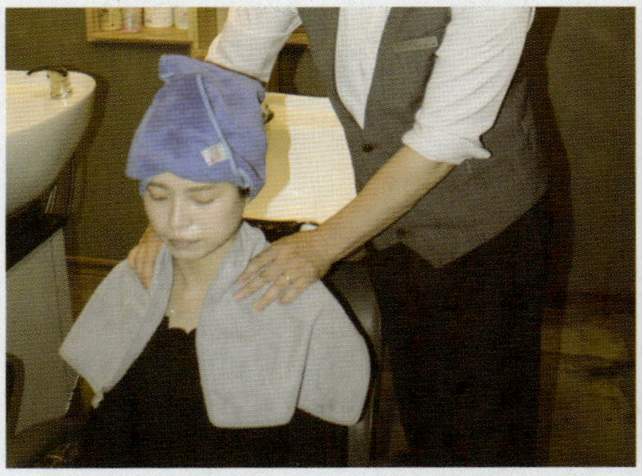

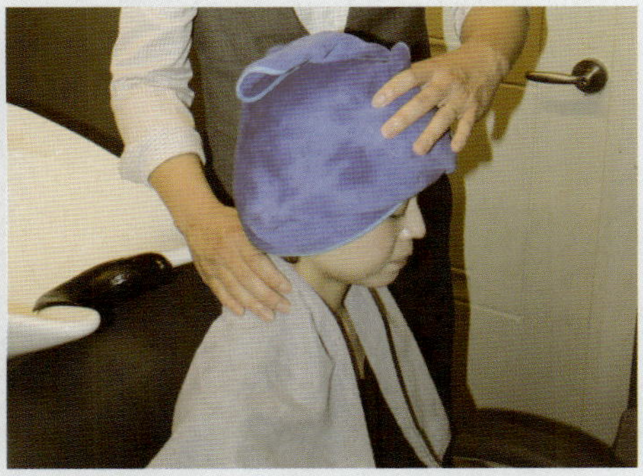

30 - 31 앉아있는 상태에서 목부분과 어깨를 마사지한다.

12. 린스(Rinse)

1) 린스의 역할

린스라는 말은 본래는 '씻다, 헹구다'라는 의미지만 보통은 샴푸 후에 사용해서 모발의 표면을 보호함과 동시에 탄력있고 부드러우며 촉촉한 모발로 하여 정돈하기 좋게 하는 목적을 가진 것을 의미한다.

최근에는 생활양식 등의 변화에 따라 헤어 케어의 관심이 높아지고 샴푸횟수도 늘어나고 있는 경향이다. 최근의 샴푸제는 옛날과 비교하여 무척 좋아졌지만 아무리 양질의 샴푸제를 사용한 모발이라도 샴푸만 하고 린스를 하지 않으면 샴푸의 세정작용에 의해서 유분이 부족하기 쉽고 푸석푸석하여 빗질이 잘 안되는 상태가 되기 쉽다. 이러한 상태가 계속되면 모발은 건성모발이 되어 손상의 원인이 된다.

또 브러싱 할 때에도 모발이 뒤엉켜 정돈이 잘 안된다. 이러한 상태에서 무리하게 부러싱을 하게 되면 모발에 부담이 가게 되고 모표피에 손상을 주거나 모발을 손상시키게 된다. 모발표면을 비늘상으로 덮고 있는 모표피는 굳고 단단하지만 브러싱의 마찰 같은 물리적인 힘에는 손상되기 쉽다. 이와 같은 피해로부터 모발을 보호하기 위해서 양질의 린스제가 필요하다.

린스제도 샴푸제와 마찬가지로 시대와 더불어 변해왔다. 현재로서는 양이온 계면활성제를 사용한 린스제가 일반적으로 넓게 사용되고 있다. 샴푸를 한 모발은 브러싱에 의해서 정전기가 발생하여 마무리 정돈이 어려운 때도 있는데 양이온 계면활성제를 사용하면 양이온 계면활성제의 + 이온과 모발의 − 로 대전된 부분이 이온결합하여 모발표면에 엷은 피막을 형성한다. 이 피막은 마찰저항을 감소시키고 정전기의 발생을 방지하는 것으로 빗질도 잘되고 모발의 정돈도 잘되게 한다. 즉 이 양이온 계면활성제는 단백질과 친화력이 강하여 모발에 대한 흡착력이 뛰어나 정전기의 발생을 큰 폭으로 저하시킨다.

또한 린스제는 대전방지 효과 이외에 유성성분을 보급하는 목적이 있다. 모발이나 두피는 피지선에서 분비되는 피지로 덮여 보호되고 있는데 샴푸를 하면 이 피지분이 씻겨나가게 되어 유성성분을 보급해야 할 필요가 있다. 최근에는 모발에 유성성분을 보급하기 위해 여러 가지 유성성분을 배합한 컨디셔너 효과가 높은 린스제가 많아지고 있다.

건강한 모발은 등전점이 pH 4.5~5.5 정도의 약산성으로 이 때가 가장 안정되고 튼튼한 상태이다.

이러한 이유때문에 린스제의 pH는 3~5 정도로 조정되어 있는 것이 많으며 양이온 계면활성제와 함께 유분도 흡착시켜 모발을 유성막으로 덮어 광택을 주고 건조함을 방지하는 효과도 있다.

2) 린스제의 조건

① 모발을 부드럽고 탄력있게 하며 촉촉하게 할 수 있을 것
② 모발에 수분이나 유성분을 보충하여 자연스러운 광택을 줄 것
③ 정전기 발생을 억제하고 빗질이 잘되도록 할 수 있을 것
④ 모발을 보호할 것
⑤ 모발을 정돈하기 쉽고 스타일링하기 쉬울 것
⑥ 눈이나 두피에 자극이 없고 안정성이 높을 것
⑦ 연속 사용하더라도 끈적거리거나 굳지 않을 것
⑧ 다른 미용기술에 나쁜 영향을 주지 않을 것

3) 린스의 작용

① 모발의 표면을 보호한다.
② 퍼머넨트, 컬러링, 헤어블리치 등으로 모발이 손상되어 거칠 때 모발에 윤기를 준다.
③ 모발을 유연하게 하고 광택이 나게 하며 빗질이 잘되게 한다.
④ 모발의 pH를 조절한다.
⑤ 모발의 건조를 막아 정전기가 나지 않도록 한다.
⑥ 비누로 머리감은 후 사용하면 모발에 금속비누가 달라붙지 않는다.

4) 린스제의 사용방법

미용실에서는 시술자가 매일 여러 가지 다양한 모발과 접하고 있고 모발에 관한 지식이나 경험이 있으므로 손님의 모발상태나 성질에 맞는 린스제를 선택할 수 있다. 또 도포량에 있어서도 손님의 모발량에 맞추어 린스제를 측정하여 적당량을 사용하기 때문에 모발전체가 균일하게 린스되며, 씻어내릴 때도 적당한 온도의 수압으로 충분히 씻어냄으로 두피에 잔류하지 않게 할 수 있다. 미용시술자도 이와같은 린스제를 사용할 때의 주의점을 고객에게 어드바이스하는 것이 바람직하다.

퍼머넌트 웨이브한 후 두발의 상태나 성질에 따라 린스제나 방법을 선택한다. 퍼머넌트 웨이브를 한 모발이라도 광택있는 건강한 모발, 과도한 웨이브에 의한 손상모, 손질하기 나쁘게 심한 모발 등 여러 가지이다. 또 한 가닥의 모발일지라도 모간부분은 여러 가지 작용을 받아 손상이 심하다. 따라서 린스제를 도포하여 씻어내는 것뿐만 아니라 그 모발의 상태에 따라 머니퓰레이션(manipulation)의 응용이 필요하다.

5) 린스제의 종류

(1) 플레인 린스제(plain rinse)

린스제를 사용하지 않고 약간 미지근한 물로만 모발을 헹궈내는 방법이다. 이 린스는 샴푸 후 모발에 남겨진 물질을 물로써 씻어내는 것이다.

플레인 린스에 사용되는 물의 온도는 38~40℃의 연수가 적합한데 펌 웨이빙 시 1액을 씻어내기 위한 중간린스로도 활용된다.

(2) 산성린스제

산성린스제는 그 전에 지금과 같은 샴푸제가 아니고 과거에 비누로 세발할 때에 사용한 물 속의 칼슘이나 마그네슘 등이 비누와 결합하여 생성되는 불용성의 금속비누가 모발에 남기 때문에 이것을 제거하기 위한 목적으로 사용되었다. 또 비누는 알칼리성이기 때문에 알칼리를 중화시켜 모발의 손상을 방지하는 목적도 있었다. 그렇지만 지금과 같은 여러 용도의 샴푸제가 보급됨에 따라 세발 후의 린스제로써는 사용되지 않게 되었고 거의가 퍼머넌트 웨이브제 처리후의 모발에 잔류된 알칼리 성분을 중화시키는 중화제로서 사용되고 있으며 중간산성 린스라고 부른다.

표 2-3 산성린스제

종 류	사 용 법
레몬린스	레몬 1개 즙을 약 0.5 ℓ 의 미지근한 물에 타서(5~6배 희석) 몇 번 두발을 헹궈낸다.
구연산린스	구연산 1.5g을 약 0.5 ℓ 의 미지근한 물에 타서 사용한다.
비니거린스	식초나 초산을 10배 정도 희석해서 사용한다.

퍼머넨트 웨이브 제1제 처리 후의 모발은 제1액 속의 알칼리제에 의해서 팽윤된다. 그러나 제2제는 산화작용은 있지만 알칼리를 중화시키는 역할은 거의 없으므로 잔류 알칼리 성분을 제거하지 않으면 모발을 손상시키는 원인이 된다. 또한 제1제 처리 후의 모발을 산성 린스제로 처리하면 알칼리를 중화시킴과 동시에 제2제의 작용도 높일 수 있다. 이것은 제2제가 주로 취소산나트륨을 사용하는 경우가 많기 때문에 산성 린스제로 처리하면 시스틴의 재결합을 쉽게 하고 모발의 손상도 적게 된다.

최근의 산성린스제는 유기산 외에 양이온 계면활성제나 양이온 고분자 등을 가하여 알칼리의 중화 이외의 효과도 지니도록 한 것도 있다. 그러나 산성 린스제에는 표백작용이 있으므로 장시간의 사용을 피해야 한다.

(3) 오일 린스제, 크림 린스제

샴푸제가 비누에서 합성세제인 샴푸제로 바뀜에 따라 린스제도 바뀌었다. 합성세제는 탈지력이 강하여 샴푸시 필요이상으로 모발에서 피지를 제거하므로 건성이 되기 쉬운데, 오일린스는 과도하게 손실된 피지분을 보충할 목적으로 양질의 동백기름이나 올리브유를 더운 물에 풀어 헹구는 것에서 비롯되었다.

그러나 물과 기름은 본래 혼합되기 어려운 것이므로 모발에 균일하게 오일을 보급하는 것은 곤란하다. 그래서 이 타입의 오일린스제는 많이 사용되고 있지 않다. 최근에 오일린스제라고 부르고 있는 것은 양이온 계면활성제나 유성성분을 주성분으로 하고 있다. 또 크림린스제도 성분적으로는 오일린스제와 크게 다르지 않다.

오일린스제는 계면활성제에 의해서 유성성분을 가용화시켜 투명액상으로 만든 것이다. 어느 것이나 유성성분이 가용화, 유화되어 있으므로 고르게 린스효과를 얻을 수 있다. 샴푸 후의 모발에 유분을 보급하여 광택과 유연성을 주고 촉촉한 느낌을 주므로 알맞은 습기를 보유한 모발로 마무리된다.

(4) 컨디셔닝 린스제

현재의 린스제는 양이온 계면활성제를 주성분으로 한 대전방지 효과나 빗질이 잘 되게 하는 목적 이외에 모발에 유분과 수분을 보충하여 헤어컨디셔너 효과까지 함께 지니도록 만들고 있다. 또한 단순히 샴푸 후에 린스제로 사용되는 것 뿐 아니라 단독으로도 헤어컨디셔너로서 두발의 보호를 위해서 사용되는 린스제도 있다.

컨디셔닝제로서 사용되는 유성성분으로는 주로 고급알콜, 스쿠알렌, 라놀린 등이 있다. 이 밖에 모발을 촉촉하게 하기 위하여 보습제로서 글리세린, 프로필렌글리콜, 프로리돈 카르본산 나트륨, 폴리에칠렌 글리콜, 아미노산 등이 사용된다. 또 손상모의 회복제로서는 토코페롤, 폴리펩티드, 레시틴 등이 있다.

유성성분은 양이온 계면활성제와 함께 모발을 약산성인 유성막으로 덮어 정전기 발생을 방지하고 빗질을 잘되도록 하며 건조를 방지해 준다. 보습제는 모발이 수분을 지니도록 하여 유연하고 촉촉하게 하는 감촉을 준다. 폴리펩티드는 모발의 손상 정도가 클수록 잘 흡수되어 모발의 상태에 유연성, 광택을 개선해 준다.

(5) 비듬제거 린스제

린스제에 비듬제거 효과가 있는 약제를 배합한 것이다. 비듬은 두피의 노화각질과 산화분해물, 세균의 번식, 두피의 건조 등에 의해서 생기는 것으로 각질용해제, 피지분비를 억제하는 비타민류, 살균제, 세포활성작용이 있는 성분이나 두피의 건조를 막고 촉촉하게 하기 위한 습윤제 등이 배합되어 있다. 린스제에 이러한 비듬제거 유효성분을 배합하면 두피에 유효성분이 잔류하기 때문에 비듬억제 효과가 발휘된다. 비듬제거 샴푸제와 병용하면 더욱 효과적이다.

(6) 약용 린스제(medicated rinse)

두피나 모발의 질병상태를 완화시키는데 도움을 주는 린스제로 약효성 샴푸와 겸용하면 더욱 효과적이다. 약효성 린스제는 염화 벤잘, 코늄, 라우릴 이소퀴리늄 브로마이드, 징크피리티온, 살리실락산 등과 같이 살균 소독 작용이 있는 성분 등을 배합해서 만들어진 린스제이다.

약효성 린스제는 두피 및 모발에 직접 약제를 바른 후 적어도 1분 이상 두피 마사지를 한 다음 5분이상 그대로 두어야 한다.

경증의 비듬과 가벼운 두피질환을 낫게 하는데 효과가 있는데 단, 의학적인 성분이 함유된 린스이기 때문에 필히 제조자의 사용방법에 준하여 사용해야 한다.

(7) 특수 린스제

① 컬러 린스제(color rinse)

모발에 일시적(다음 샴푸 때까지)인 색깔을 낼 수 있는 린스제로서 컬러 샴푸와 그 성격이 유사하다.

② 컬러 픽스 린스제(color fix rinse)

컬러 픽스 린스제는 염색모발 내 염색된 색소의 주위에 이중막을 형성시켜 색소의 분해를 방지하여 염모가 탈색되지 않도록 한다.

③ 썬 스크린 린스제(자외선 차단 린스)

자외선에 의한 모발의 변성을 방지하기 위하여 자외선 흡수제(안식향산, 세틸산(cetylic acid), 벤젠 등)가 배합된 제품이다. 자외선 흡수제는 피부보다 모발에 더욱 친화력이 강하기 때문에 지속성은 있지만 1일 2회 정도 사용해 주어야 한다.

Shampoo & Treatment

CHAPTER **3**

모발관리

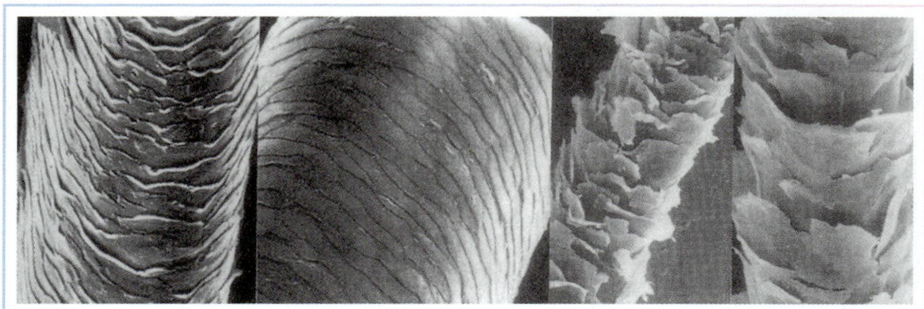

CHAPTER 3
모발관리

1. 모발관리의 필요성

모발관리는 두피와 상관없이 모발자체에 필요한 관리를 하는 것이다. 즉 건조모나 다공성모, 손상모 뿐만 아니라 화학적인 시술의 전후에도 모발을 위한 관리는 반드시 요구된다. 손상된 모발상태를 관리하기 위한 제품에 함유된 계면활성제는 대부분 양이온을 띠고 있어서 음이온인 모발에 흡착력이 높다. 따라서 브러싱과 같은 물리적인 자극에 의해서는 제거되지 않고 음이온 린스나 트리트먼트제와같은 컨디셔너에 의해서 제거된다.

이처럼 컨디셔너를 사용한 모발은 일시적인 모발보호의 효과를 갖는다고 할 수 있다. 하지만 이러한 컨디셔너를 사용치 않고 알칼리성 제품에 지속적으로 모발을 노출시키게 되면 모발내의 단백질 성분이 소실되거나 결핍되어 모발손상을 더욱 가속화시키게 되는 결과를 초래하게 된다.

모발을 분석해보면 케라틴이라고 하는 단단한 단백질로 구성되어 있는데 이 단백질은 대부분의 단백질과는 달리 물리적으로나 화학적으로 강한 저항성을 나타내며 강도도 크고 탄력성도 있다. 그러나 이렇게 강하고 튼튼한 모발일지라도 잦은 퍼머넨트 웨이브나 헤어컬러링, 시술상의 잘못, 탈지력이 강한 샴푸 사용, 잘못된 샴푸 방법, 드라이어의 열, 백코밍(back combing) 브러싱, 자외선이나 대기오염 등에 의하여 손상된다.

이와 같은 자극으로 손상된 모발은 일반적으로 건조해져 유분이 부족하고 광택이 없어지며 푸석거려 빗질이 나쁘고 헤어스타일도 원하는대로 되지 않는 상태가 된다. 또 건조한 상태에서 무리하게 브러싱을 하면 정전기가 발생하고 모발이 뒤엉키기 쉽기 때문에 모표피에 상처를 입히거나 박리되는 수도 있고 나아가서는 지모나 열모, 절모 등 더욱 손상을 크게 하는 원인이 되기도 한다.

모발은 피부와 달리 한번 손상되면 원래의 상태로 회복되지 않는다. 따라서 모발의 손상을 방지하는 일은 아름다운 모발을 갖기 위해서 가장 중요한 일이다. 그러므로 손상모이건 건성모이건 두발의 건조화를 방지하기 위해서는 수분과 유분을 보급하고 광택과 활력, 유연성을 주는 것이 중요하다. 이 목적으로 사용되는 것이 헤어 트리트먼트제이다.

2. 모발진단

모질 성향은 사람마다 다르기 때문에 모발관리에 들어가기 전에 정확하게 모발을 진단해야 한다. 모발관리사는 고객과의 상담을 통해 모발과 두피의 타입, 손상 정도, 관리방법에 대해 정확히 진단하고 진단에 맞는 클리닉 시술을 했을 때 고객은 만족할 것이며 최고의 모발관리사가 될 것이다.

1) 문답방식에 의한 진단

고객과 문답방식으로 면접해가면서 모발진단카드에 모발의 상태를 기입하는 방법으로 먼저 모발진단카드를 작성한 후 클리닉 시술방법이나 클리닉 제품 등을 선정하고 이를 바탕으로 치료한다. 차후 시술이나 고객에 대한 홈케어 자료로서 활용한다.

2) 감각에 의한 진단

모발의 상태를 눈으로 보거나(시각적 진단), 손가락으로 만져볼 때(촉각적 진단) 광택이나 윤기가 없거나 질감이 좋지 않거나, 빗질이 잘 되지 않는 경우는 모발이 손상되었다고 진단할 수 있다.

(1) 정상모(건강모)

모표피의 손상이나 이상이 보이지 않으며 적당한 강도와 보통의 질감을 가진다.

(2) 저항성모

모표피가 지나치게 겹쳐있어 단단하고 뻣뻣한 느낌이 드는 질감을 가진다.

(3) 염색모

모표피가 벌어진 상태이며 건조한 질감을 가진다.

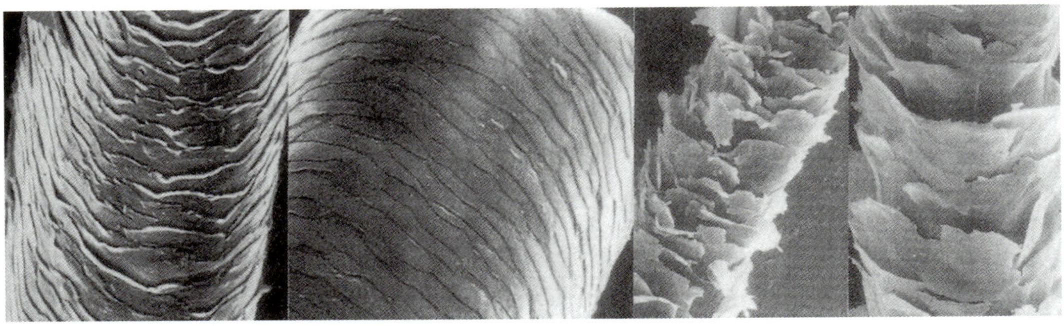

그림 3-1 **모발의 미세구조**

(4) 다공성모

모표피가 많이 벌어진 상태이며 일부 떨어져 나간 부분도 있다. 육안으로 보기에도 많이 손상되어 보이며 손가락으로 만져보면 거친 질감이 느껴진다.

3) 마찰저항 진단

모표피의 손상이 큰 만큼 마찰저항은 크게 된다. 결국 모발의 표면이 조밀하게 되어, 손에 닿는 감촉이나 빗질이 나쁘게 된다. 손상정도는 진단과 동시에 모발의 보호제(brushing제, treatment제) 등의 효과 판단에도 사용된다.

4) 인장강도에 의한 진단

모발에 힘을 가하게 되면 모발이 늘어나는 성질이 있는데 건강모일 경우는 신장률이 일정하고 큰 하중에도 잘 끊어지지 않으나, 손상모일 경우는 늘어나는 비율이 크고 작은 하중에도 잘 끊어진다. 모발은 당겼을 때 손상 없이 본래의 상태로 돌아가려는 성질이 있는데 이를 탄력성이라고 하며 건조모일 때는 모발길이의 약 20% 정도, 젖은 모일 때는 약 40~50% 정도까지 늘어난다. 모발의 탄력성을 측정한 경우 끊어지지 않고 잘 늘어나는 모발일수록 신축성이 좋은 건강모이고 금방 쉽게 끊어지는 모발은 신축성이 좋지 않은 손상모이다.

5) 흡습성, 팽윤성에 의한 진단

모발은 보통인 상태에서는 10~15%의 수분을, 샴푸 후에는 30~35%의 수분을, 드라이 후에는 10% 전·후의 물을 함유하고 있다. 모발이 손상되면 함수율이 많아지는데 이로 인해 체적과 중량도 크게 된다.

모발의 흡습성이란 모발이 수분을 흡수하는 성질을 말하며 습도와 온도에 영향을 받는다. 팽윤성은 모발이 수분을 흡수하여 체적과 중량의 증가를 가져오는 흡착현상을 말한다. 모발을 침전시켜 흡습성. 팽윤성을 진단해 보면 손상모일수록 모표피가 열려있기 때문에 수분을 잘 흡수하게 된다.

건강모일 경우는 수분 흡수에 의해 15%전후의 중량이 증가하지만 손상모는 중량증가가 크게 된다. 예를 들면 모발에 분무기로 물을 뿌릴 때 손상모는 물을 잘 흡수하고 건강모는 물을 잘 흡수하지 않고 튕기는 것을 볼 수 있다.

6) 모발진단기에 의한 진단

경험이나 육안에 의한 진단에서 현재는 모발진단기라는 시스템을 사용하여 진단한다. 모발진단기는 모발과 두피의 상태를 진단하게 되는데 출력된 화면을 보고 고객에게 클리닉에 대한 바탕을 둔 시술을 하는데 그 목적이 있다.

그림 3-2 **모발진단기**

모발진단기는 고성능 마이크로 스코프, 프리저, 모니터, 프린터로 구성되어 있으며 스코프의 렌즈 비율은 200배, 400배, 650배 등 여러 종류가 있다.

7) 알칼리 용해도

모발을 알칼리 용액으로 처리하면 모발의 중량이 감소한다. 손상모는 모표피의 손상이 격심한 만큼, 이때의 감소량이 크게 된다. 이것은 모발내부(모피질)의 간충물질이 알칼리용액에 용해되어 모표피의 손상부분에서 흘러나오기 때문이다.

8) 아미노산의 조성변화 측정

모발에 있는 아미노산을 가수분해하여 아미노산의 양의 변화를 분석한다. 손상도가 증가하면 가장 많이 함유되어 있는 cystine양이 감소하고, cystine산의 양이 증가한다.

이상 손상정도의 진단에 대해서 주로 시험법을 기술했다. 모발의 손상도를 보다 정확하게 파악하기 위해서는 하나의 시험법뿐만 아니라 될 수 있는 한 많은 경험을 체험하여 종합적으로 진단할 필요가 있다.

3. 모발구조의 이상현상

1) 백륜모(Pili annulati, Ringed hair)

모간의 수질과 피질의 공기 함유 부분에서 빛의 반사차에 의해 흑색과 백색의 띠가 교대로 나타나는 것으로 유전자에 의한 현상이며 치료법은 없다.

2) 염전모(Pili torti, twisted hair)

모발이 나사모양으로 꼬인 상태로서 모발이 평평했다가 약간 방추형이 되었다가 다음엔 나선형이 되기를 반복한다. 주로 유아기나 소아기때 두발, 눈썹에 침범되며 후에 정상으로 돌아간다.

이 증상은 태어나면서부터 있을 수도 있으나 모발에 완전히 착색이 이루어졌을 때 나타난다. 상염색체 우성으로 유전되나 오랫동안 병상에 누워있는 환자에게서도 발견될 수 있으며 모발의 엉킴을 방지하기 위해 모발을 짧게 잘라야 한다.

그림 3-3 **백륜모**

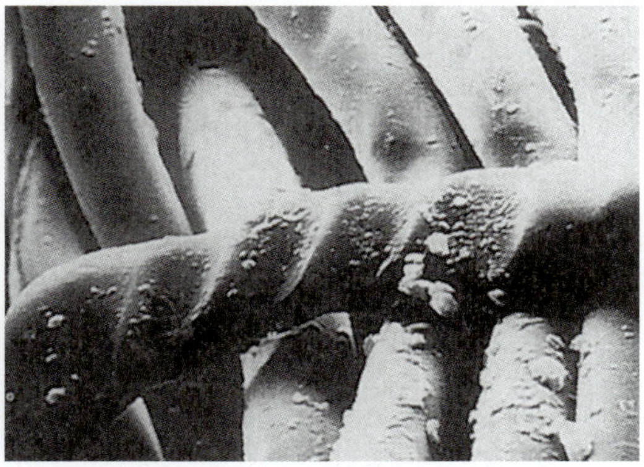

그림 3-4 **염전모**

3) 염주모(Monilethrix)

모발형성의 이상으로 모간의 두께가 고르지 않고 결절모양을 보이며 잘 부러지므로 염주모양의 모발이라고 불리운다. 모발의 이상현상으로 모간이 비후해지며 나약해진다. 현미경으로 관찰하면 약 몇 mm폭의 방추형으로 볼록 나온 부분이 보이는 유전적인 이상현상으로 모낭의 과다각화증과 연관된다.

4) 모발종렬증(Trichoptilosis)

모선의 끝 부분이 여러 갈래로 갈라지는 현상으로 모발은 빛이 바래고 말단까지 빈혈을 일으킨다.

모발종렬증의 치료방법은 갈라진 모발 끝을 커트해 주고 라놀린, 프로테인, 아미노산, 아몬드유가 함유된 트리트먼트 크림을 지속적으로 사용해 준다.

모발종렬증은 주로 다음의 4가지 원인에서 비롯된다.

(1) 화학적 원인

세척력이 강한 샴푸 사용, 강한 퍼머넨트 웨이브 약제사용, 컬러링, 탈색 시 방치시간의 초과 등의 잘못된 미용시술

그림 3-5 **모발종렬증**

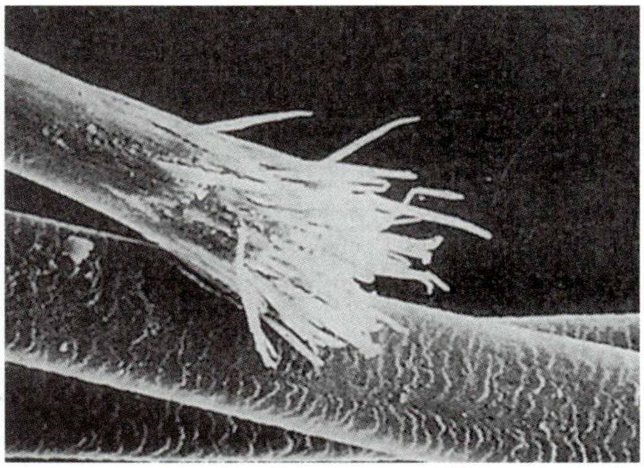

그림 3-6 **열모증**

(2) 물리적 원인

미용기구 및 재료의 부적절한 사용

(3) 열에 의한 원인

강한 드라이어나 아이롱의 열

(4) 환경적인 원인

기후, 자외선, 바닷물, 바람, 마찰 등

5) 열모증(Trichorrhexis)

모발종렬증이 더욱 악화된 상태로서 모선 끝이 여러 갈래로 갈라지고 모선의 말단은 빗자루처럼 된다. 모발관리는 모발종렬증과 동일하다.

6) 결절성 열모증(Trichorrhexis nodosa)

모간에 불규칙적인 간격으로 배열된 작은 백색 결절들이 있으며 현미경으로 보면 모발이 끊어지고 여러 가닥으로 갈라진 모양이 2개의 빗자루를 양끝으로 붙여 놓은 것 같다.

건조하고 웨이브 있는 모발에 나타나는 이상현상으로 모발이 엉키고 매듭져있어 빗질이나 드라이할 때 끊어질 위험이 있으므로 부드러운 샴푸와 트리트먼트를 사용하고 강하게 빗질하지 않도록 해야한다.

원인은 모발종렬증과 같으며 모발의 혹을 제거할 방법은 없지만 부스러지는 것은 방지할 수 있는데 라놀린, 프로테인, 아미노산, 아몬드유가 함유된 재활성 트리트먼트 크림을 사용한다.

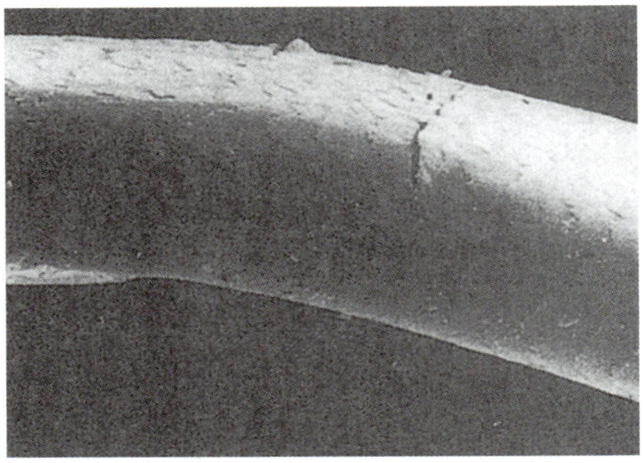

1. 웨이브 있는 부분에 변형이 시작된다.

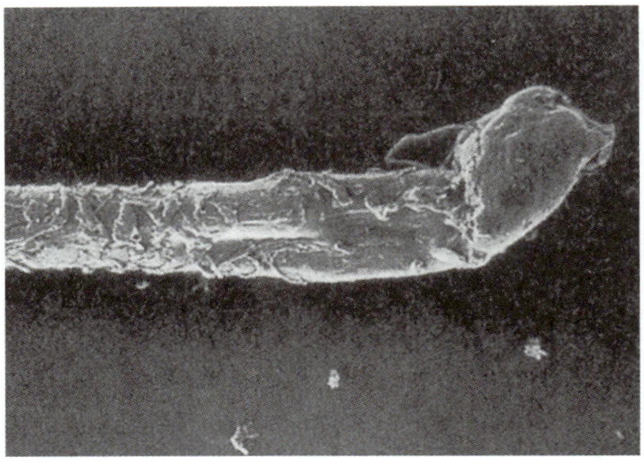

2. 회백색의 소결절이 생긴다.

3. 모표피가 손상되고 소결절이 터진다.

5. 모발이 끊어지고 여러 가닥으로 갈라진다.

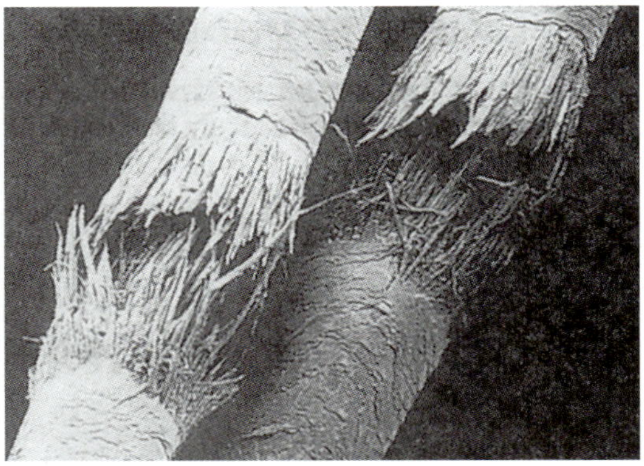

4. 모피질이 손상되면서 끊어지기 시작한다.

그림 3-7 **결절성 열모증의 진행과정**

7) 함입성 열모증(Trichorrhexis invaginata)

대나무 모양의 털(bamboo hair)이라고 하며 각화를 시작하는 부위에서 모간이 중첩되어 생기며 모발의 결절모양의 공과 소켓모양으로 이어진 마디가 모간부에 나타나므로 대나무 모양으로 보인다. 모피질내에서의 황화수소가 황결합으로 치환되는 것이 결핍되어 모피질이 부드러워지고 그러한 모피질이 손상되어 함입된다.

8) 빈혈성 모발(모발빈혈)

두피 가까이에 있는 모발은 표피층이 기왓장 모양으로 서로 겹쳐져 있어서 매끄러움과 윤기를 더해준다. 그러나 모선 끝으로 갈수록 모발은 노화되고 각질의 손상 징후가 나타나며 모선 끝은 완전히 마멸된 것을 볼 수 있다. 이런 경우 모발의 윤기가 없어지고 빗질이 어려워지며 탄력성이 없어진다. 이런 상태의 모발을 빈혈성 모발이라고 한다.

원인으로는 세척력이 강한 샴푸의 잦은 사용, 빗이나 브러시 의한 손상, 머리카락의 마찰, 자외선, 바람, 바닷물 등등이다. 아미노산(모발구조의 균일화), 프로테인(모발구조의 안정화), 라놀린(외부자극으로부터 모발을 보호하고 자연막을 형성하여 모발을 보호하고 유연하게 해준다)이 포함된 트리트먼트를 사용하면 모발을 점차적으로 회복시킬 수 있다.

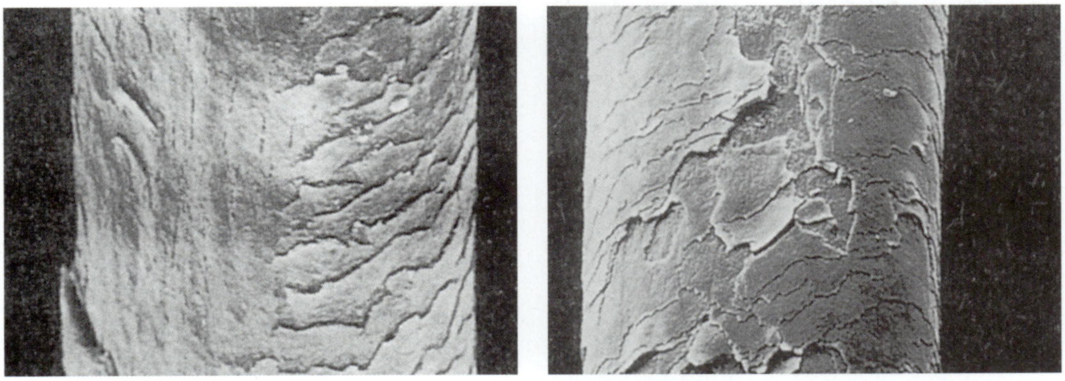

그림 3-8 **빈혈성 모발**

9) 모발발거증(Trichotillomania)

발모벽 또는 털뽑기증이라고도 하며 모발의 일부를 꼬거나 잡아당기는 버릇이 있는 사람에게 발견되는 증상으로 모발이 약해지고 뽑혀지며 부분적인 모발탈락을 일으킨다. 욕구불만의 결과로서 나타나며 감정상의 원인을 치료하고 사회생활을 할 수 있도록 도와야 하며 장갑이나 모자의 착용도 필요하다.

10) 남성형조모증(Hirsutism)

모발의 비정상적인 과도한 성장을 의미하며 남성형다모증(hypertrichosis)이라고도 한다.

11) 양털모양의 모발(Wooly hair)

가늘고 밀집된 양털모양의 모발이 출생 시에 나타나 아동기에 가장 심하며 어른이 되면 어느 정도 호전되는 질환이다.

12) 가성 수염모낭염(Pseudo folliculitis barbae)

피부에서 나온 모발이 굽어져서 피부를 자극하여 발생하는 염증이다.

13) 모공각화증(Trichostasis spinulosa)

모낭유두의 과각화증으로 모낭공이 부분적으로 폐쇄되어 휴지기 모발이 탈모되지 못하므로 모낭이 솜털의 뭉치가 있는 깔대기 모양의 각질 마개로 채워져 있다.

14) 건조모

모발의 윤기가 없으며 까칠까칠하고 빗질하기 어려운 모발이다. 모발이 건조해지므로 모표피의 노화현상에 따른 모표피 수의 감소, 모발표면의 건조로 모발의 심각한 이상현상의 원인이 된다.

황화아미노산이 풍부한 시스테인과 같은 단백질을 모발에 공급하여 케라틴을 회복시켜야 한다. 건강한 모발이 노화함에 따라 모표피 층은 악화되고 모발은 저항력이 약해지고 윤기가 감소하며 까칠까칠해지고 건조해진다.

건조하고 민감해진 모발은 음이온성의 입자들이 채워지게되고 이로 인해 모발표면은 거칠어지고 엉킴을 풀기도 어렵다.

이런 경우 모표피를 단단하게 해주는 산성 헤어크림을 발라주어 윤기를 주고 부드러움을 회복하도록 한다. 또한 아르니카, 카모마일에서 추출한 오일과 글리세린 유도체를 사용하여 외부로부터의 모든 손상에 대해 기본적인 보호를 할 수 있다. 건조모가 되는 원인은 여러 가지가 있다.

(1) 자연적인 원인

태양, 바닷물, 자외선, 대기오염, 뜨거운 열(아이롱, 전기셋팅기, 드라이)

(2) 물리적인 원인

과도한 당김, 압력, 고무줄, 머리핀, 브러시, 클립 등

(3) 화학적인 원인

과도하게 농축된 알칼리, 과산화수소, 알코올 방치시간의 초과

15) 비만성 탈모

심한 비만증상으로 인해 발생하는 탈모이다.

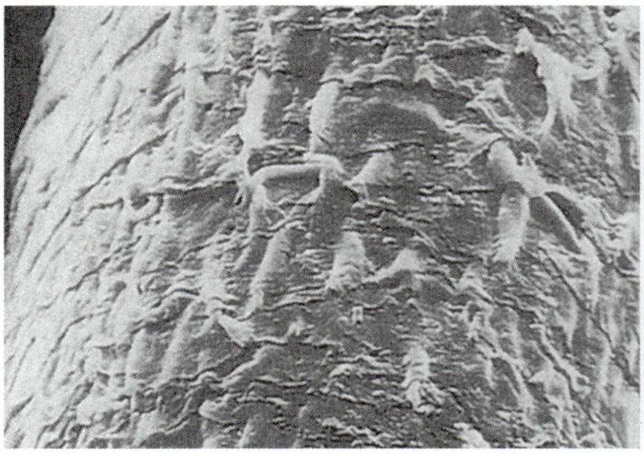

그림 3-9 **건조모**

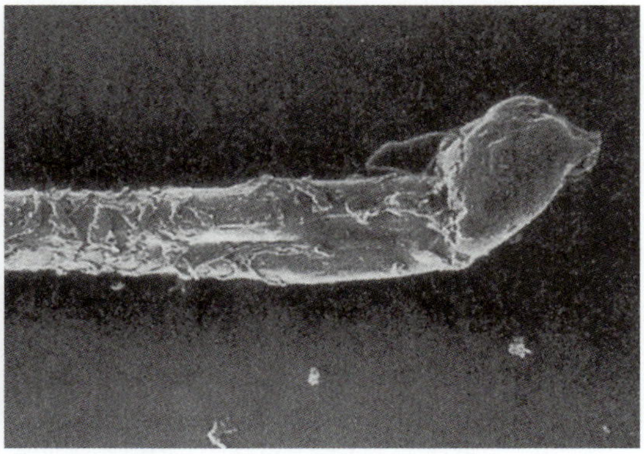

그림 3-10 **비만성 탈모**

16) 무모증(Atrichosis)

출생 때부터 털이 없는 것을 말하며 성장지연이나 완전한 기능저하의 결과이며 자가모발이식술 외에는 치료법은 없다.

17) 모발 발육부전

출생시 털이 없는 것이 특징이며 약간 있다하더라도 매우 가늘고 짧은 형태를 띠며 안쪽으로 휘어져 있다.

4. 모발의 손상과 원인

모발은 같은 사람이라도 자라는 부위에 따라, 또는 한개의 모발이라도 그 부분(모근부, 중간부, 모간부)의 굵기가 달라지며 모질도 다르다. 이것은 모발이 모유두에서 탄생하는 과정에서 그 사람의 영양상태, 건강 등의 영향에 좌우되어 굵기와 모질이 변화하는 이유이다. 또한 모간부가 길게 늘어져 있어서 여러 가지 외부자극을 받기 쉬우므로 모발질은 변화한다. 모발이 손상되는 원인으로서 지금까지 permanent wave제와 hair coloring제 등의 화학처리가 주가 되었다. 최근 두발화장품 업계를 시작으로 각 방면에서 모발손상의 원인에 관련한 문헌이 많이 발표되고 있는데, 손상의 이유는 그렇게 간단하지 않다는 것을 알 수 있다. 따라서 모발이 손상되는 원인에 대해서 폭 넓은 관점에서 볼 필요가 있다.

1) 마찰에 의한 손상

모표피는 비늘상의 단단한 keratin 단백질이 4~8겹으로 모간쪽으로 중첩되어 있어, 외부로부터의 자극에 충분하게 견디어 낼 수 있다. 그러나 일상 빈번하게 행하는 샴푸, 타월드라이, brushing, combing 등에 의해 혹은 헤어끼리의 마찰에 의해 상당한 자극을 받게 된다.

예를 들면, 샴푸를 할 때 거품이 적은 상태로 씻으면, 헤어와 헤어와의 마찰이 크게 된다. 거품은 오염을 씻어낼 뿐 아니라 쿠션의 역할을 하고 마찰을 막아준다. 무리한 brushing도 헤어에 큰 마찰을 발생시키고, 손상(damage)을 준다. 그러므로 무리하게 빗는 것을 피하고, brushing전에는 반드시 brushing제를 사용하여 모표피에 얇은 피막을 만들어 brush와의 마찰을 감소시키는 것이 중요하다. 모표피의 일부에 비늘층이 떨어지면 그 부분부터 손상이 되고 모피질이 노출되어 결국 모발은 건조성이 된다. Brushing제, styling제는 모발에 광택과 set력을 줄뿐만 아니라 마찰을 적게 하고 정전기의 발생을 억제하고 손상을 막는 중요한 역할을 한다.

2) 열에 의한 손상

드라이어, 아이론, 전기 셋팅기와 같이 뜨거운 열을 사용하는 기구를 적절하게 사용치 못하였거나 너무 빈번하게 사용하였을 경우에도 열에 의한 손상으로서 건조한 모발이 된다. 열이 모발에 미치는 영향은 건열과 습열이 다르다. 즉 모발이 건조할 때와 젖어 있을 때 각기 열에 의해 변화하는 온도가 다르다는 것인데 모발은 건조할 때보다 젖어있을 때 열에 더욱 민감하기 때문에 젖은 머리를 말리거나 스타일링을 할 때는 열기구의 온도에 각별한 주의가 요구된다.

(1) 드라이어에 의한 손상

송풍구의 거리에 따라 약간은 차이가 있지만 온도는 대개 90℃ 전후가 적당하다. 드라이어는 뜨거운 열풍으로 스타일을 내는 기구이기 때문에 드라이어 출구 쪽에 모발을 지나치게 밀착시키게 되면 모발이 급격히 건조해질 뿐만 아니라 윤기도 나지 않으므로 약간의 거리를 두고 시술하는 것이 좋다. 또한 두피의 각질층으로부터 수분을 지나치게 빼앗아 피지의 분비를 방해하여 비듬이 생기는 원인이 될 수 있다.

(2) 아이롱에 의한 손상

아이롱의 시술온도는 손상정도에 따라 130~210℃가 적절하다. 아이롱은 열기구 중 가장 뜨거운 열을 사용하는 기기이므로 시술 시 신속한 손놀림을 요구하는데 만약 신속하게 시술하기 어려울 경우에는 아이롱 기기가 모발에 닿는 시간을 줄여주거나 온도를 약간 더 낮추어서 시술하는 것이 좋은 방법이다.

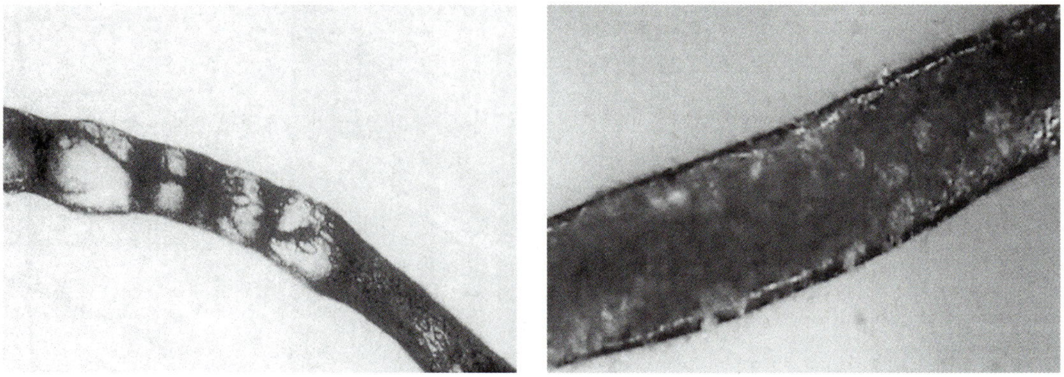

그림 3-11 **열에 의한 모발의 손상**

(3) 디지털 및 전기셋팅기에 의한 손상

전기셋팅기의 온도는 극손상모는 80℃ 전후, 손상모는 90℃ 전후, 건강모는 모질에 따라 100~120℃가 적합하다. 전기셋팅기는 와인딩한 후 30분 전후로 셋팅롤러의 몸체가 식으면서 웨이브가 고정되므로 두상 전체의 와인딩하는 시간의 차이가 크게 나지 않아야 균일한 웨이브의 흐름을 만들어 낼 수 있다. 전기셋팅기는 모발을 말린 상태에서 강한 열에 의해 시술하므로 모발이 손상될 가능성이 비교적 높다. 열에 의한 모발손상을 방지할 수 있는 제품을 사용하여 사전처리를 해주는 것이 손상을 줄이는 방법이다.

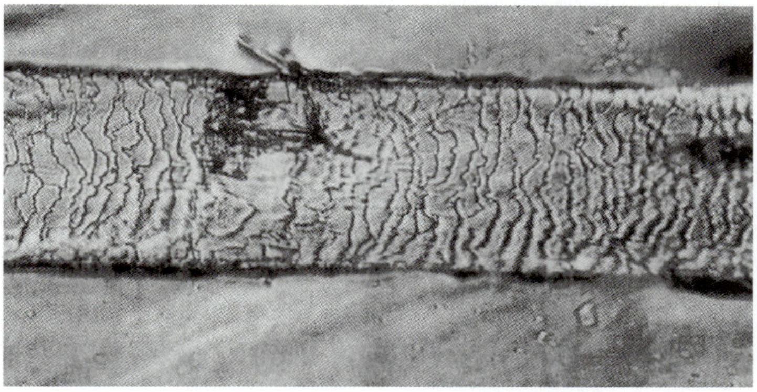

그림 3-12 **물리적 시술에 의해 모표피가 손상된 모습**

3) 화학적 시술에 의한 손상

펌 웨이브, 염색 및 탈색에 의한 손상으로서 다공성 모발이 되기 쉬워 진다.

(1) 콜드 펌 웨이브 시술 시 손상원인

① 모발에 따른 잘못된 약제 선정
② 콜드 펌 웨이브 약제의 과도한 사용
③ 가온기의 과도한 적용(온도 및 시간)
④ 제2제의 처리가 미숙했거나 방치시간이 부족하여 충분히 중화되지 못하였을 경우에는 1액이 잔존하여 모발이 팽윤된 상태가 지속되기 때문에 모발 및 두피가 손상 받기 쉬운 상태로 남아 있게 된다.
⑤ 로드 제거(rod off)후 헹굼(플레인 린스)이 충분하지 않았을 경우에는 모발에 약제가 잔류하여 모발 손상뿐만 아니라 두피에도 자극의 원인이 된다.

(2) 염색 및 탈색에 의한 손상원인

① 단기간 거듭된 염색 및 탈색의 시술
② 염색 및 탈색시술 후 사후관리의 미흡은 급격한 모발손상으로 이어진다. 염색 및 탈색시술 후 뜨거운 드라이어로 장시간 말리거나 심하게 브러싱할 경우 모발이 건조해 지거나 늘어져 탄력을 잃게 된다.

4) 물리적 시술에 의한 손상

모표피(큐티클)는 비늘 형태의 단단한 케라틴이 여러 겹으로 겹쳐져 있어서 외부로부터의 자극에 견딜 수 있게 되어 있다. 하지만 잘못된 일상관리에서 오는 빈번하고 정기적으로 행해지는 물리적인 자극은 모표피를 자극하게 되고 그것이 결국에는 모발손상으로 이어질 수 있다. 특히 거품을 충분히 내지 않고 샴푸를 행하게 되면 모발과 모발사이에 마찰이 일어나게 되고 이것이 곧 모표피 손상을 불러일으키는 원인이 된다. 이처럼 거품은 오염을 용이하게 씻어내는 역할을 할 뿐만 아니라 모발과 모발 사이에서 보호막의 역할도 하므로 샴푸는 충분히 거품을 내어 시술하여야 한다.

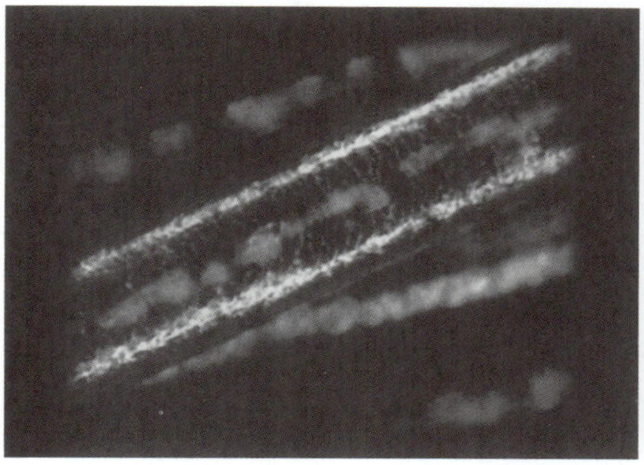

그림 3-15 염색 손상모 1

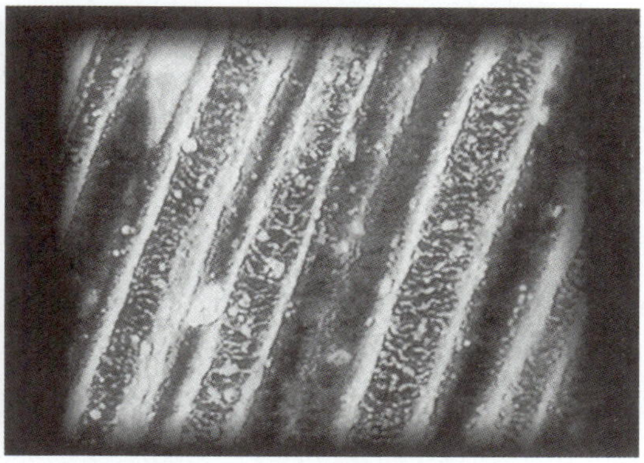

그림 3-16 펌손상모

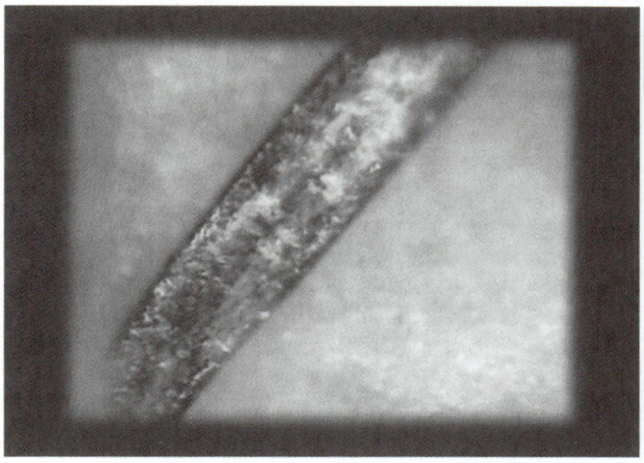

그림 3-17 염색 손상모 2

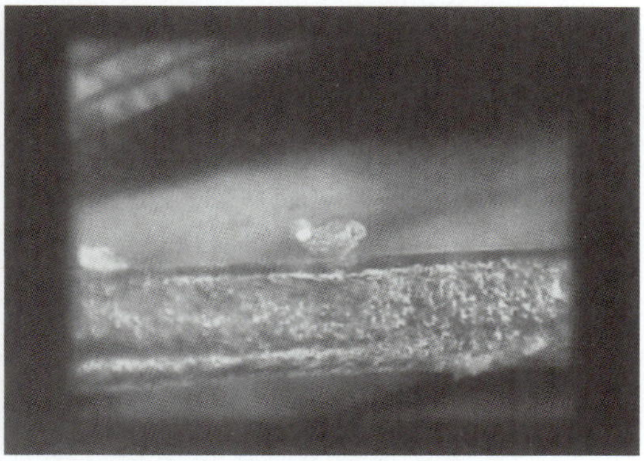

그림 3-18 염색 손상모 3

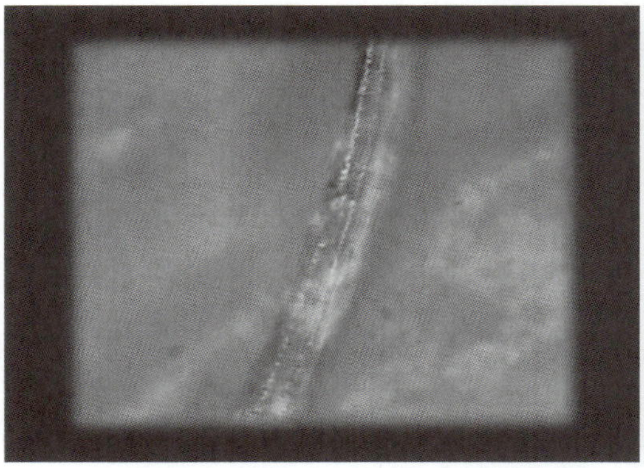

그림 3-19 블리치 손상모

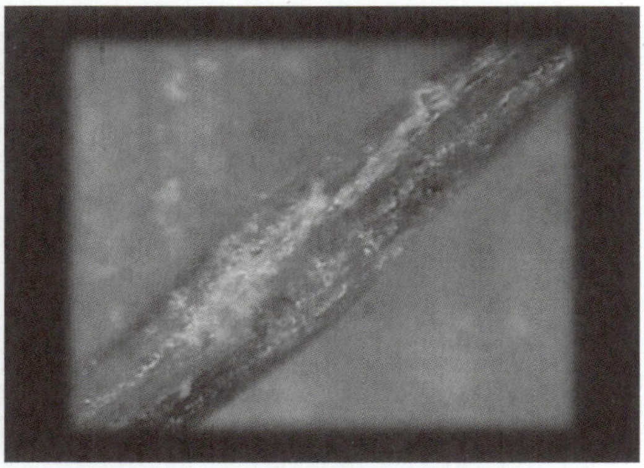

그림 3-20 다공성모

이외에도 건강한 모발을 위한 요건으로서 적당한 샴푸물의 온도 및 적절한 샴푸제 도포방식이 필요하다. 또한 과도한 브러싱에 의해서도 모표피의 비늘층이 벗겨져 모발의 손상을 가져오므로 빗질을 할 때의 주의도 필요하다.

5) 미용시술 도구에 의한 손상

미용시술시 행해지는 모든 과정, 즉 레이저나 가위의 잘못된 시술방법, 브러시나 빗을 이용한 백코밍(back combing) 처리에 따른 손상으로서 기구에 따라 손상의 형태는 다양하다.

(1) 가위에 의한 손상

① 가위의 날이 무디거나 무딘 날의 가위로 테이퍼링 기법을 했을 경우
② 지나치게 건조한 모발을 커팅할 경우

(2) 레이저에 의한 손상

① 웨트 커팅하지 않고 드라이 커팅했을 경우
② 레이저의 날이 무딜 경우
③ 지나치게 텐션을 가하여 시술한 경우
④ 모발에 레이저를 대는 각도가 잘못된 경우

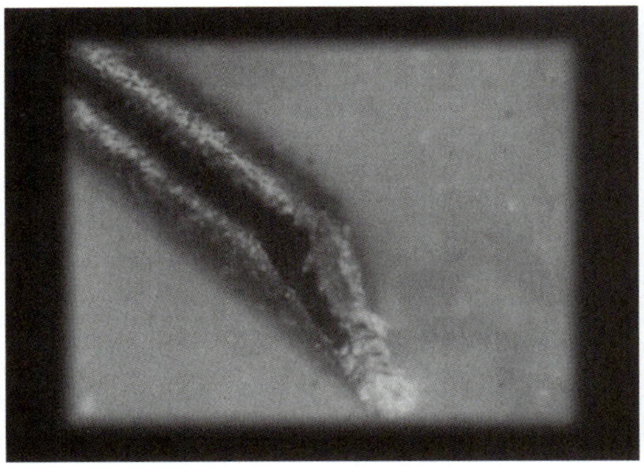

그림 3-21 **레이저 컷트 손상모**

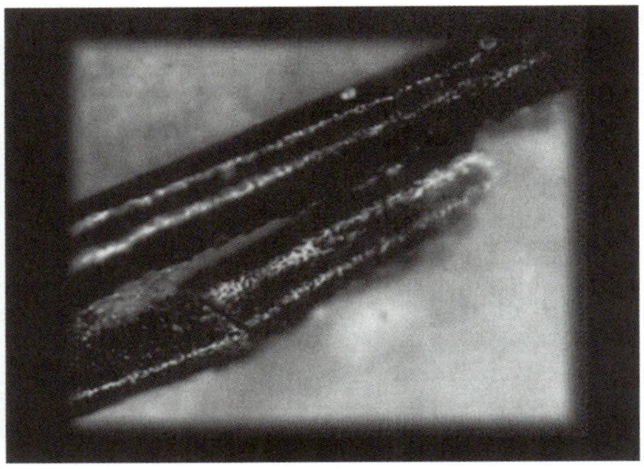

그림 3-22 **컷트 손상모**

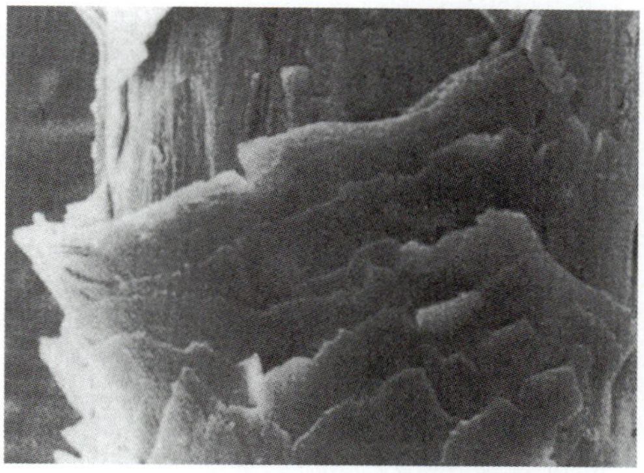

그림 3-23 과도한 텐션에 의한 손상

6) 환경에 의한 손상

환경에 의한 손상은 자연환경에 의한 요인과 환경오염에 의한 요인 두 가지로 나눌 수 있다.

자연환경에 의한 요인으로는 강한 자외선과 적외선, 건조한 날씨, 강한 바람과 먼지 등이 있고, 환경오염에 의한 요인은 각종 공해물질이 있다. 이와 같이 환경에 의한 것은 모발의 손상요인이 될 뿐만 아니라 인체의 호르몬 변화에도 영향을 미쳐 탈모의 원인이 되기도 한다.

(1) 강한 자외선과 적외선

태양광선은 파장길이에 따라 적외선, 가시광선, 자외선으로 구분되는데 이중 모발에 영향을 주는 것은 자외선과 적외선이다.

① 자외선

화학선이라고도 불리우며 열은 느낄 수 없으나 오랫동안 강한 자외선에 노출되면 피부가 그을리거나 심한 경우 화상을 입을 수 있으며 모발의 단백질 변성을 일으킨다.

② 적외선

열선이라고 불리며 물체에 닿으면 열을 발생시킨다. 이 열에 의하여 모발의 케라틴 단백질이 손상을 받아 변형을 일으키게 된다.

(2) 환경오염에 의한 요인

모발에 영향을 주는 환경오염 물질로는 공장의 연소가스와 자동차의 배기가스 중에 함유된 유황산화합물(SO_2, SO_3)과 질소산화물(NO, NO_2) 등에 의한 화학적 손상이다.

7) 생리적 요인에 의한 손상

지금까지 다루어진 외부적인 환경에서 오는 요인 외에도 내부적인 요인, 즉 인체의 생리적인 요인에 따른 모발의 손상원인을 찾을 수 있다.

① 호르몬의 불균형
② 스트레스
③ 영양의 불균형
④ 개인마다 다른 성향의 모질
⑤ 영양결핍

8) 다이어트(diet)와 편식에 의한 손상

모발에 영향을 주는 종류의 아미노산을 함유한 단백질(대두, 멸치, 어유, 우유, 고기, 계란 등을 균형 있게 섭취하는 것이 중요하다. 이외에 비타민과 미네랄(특히 철, 아연 등)도 필요하다. 비타민 A, D는 피부를 강하게 하여 비듬과 탈모를 막아주고, 탈모후 모발의 재생에 효과가 있다. 따라서 비타민과 미네랄을 다량 함유한 파세리, 채소, 딸기, 호박 등을 많이 섭취하는 것이 효과적이다. 또한 리놀산을 함유한 식물성 기름은 모발에 광택을 주게 된다. 낙화생, 참깨, 사라다유 등에 포함되어있다.

옛부터, 모발에는 다시마와 미역 등의 해초가 좋다고 전해지고 있다. 이것은 해초에는 모발의 영양분이 되는 철, 요오드, 칼슘이 다량으로 함유되어 있고, 두피의 신진대사를 높여주는 효과가 있기 때문이다. 특히 요오드(I)는 갑상선 호르몬의 분비를 촉진시켜 모발의 성장을 도와준다.

5. 손상모의 회복

모발은 자기 회복력이 없다. 따라서 정상모는 손상되지 않도록 하고 손상모는 더 이상 진행되지 않도록 끊임없이 보호하는 것이 중요하다. 이와 같은 목적으로 사용되고 있는 것이 treatment제이다. 모발에 있어서도 가장 중요한 treatment 성분은 피부와 같이 수분과 기름이다. 수분은 모피질 중에 혼합되어 모발에 윤기나게 하고 모발의 움직임에 합치되는 유연성을 준다. 한편 기름은 모표피에 유막을 만들어 광택을 주어 마찰을 감소시키고 모표피의 손상을 막아준다.

최근에는 새로운 treatment 성분을 두발용 화장품에 배합시켜, 손상된 모발의 회복 또는 손상 예방에 효과를 발휘하고 있다.

손상된 모발의 회복방법으로서 모발의 구조상으로 크게 분류하면 다음과 같다.

1) 모표피의 유막형성

유성원료에는 광물성(유동 파라핀, 바세린, 파라핀 등) 식물성(올리브유, 야자유, 호호바유 등), 동물성(스쿠알렌, 라놀린, 밍크유 등)이 있다. 이들을 정제한 것 또는 계면활성제로 유화한 것을 모발에 도포하여 모표피의 마찰을 적게 해서 외부로부터의 물리적 손상을 방지하고 광택, 감촉을 좋게 해서 아름다움을 유지한다.

2) 모표피의 피지막 형성

피지의 피막으로 모표피를 덮어, 열과 마찰로부터 모발을 보호하고 brushing과 combing 등을 부드럽게 하여 모발에 광택을 줌과 동시에 hair style을 정리한다.

3) 모피질로부터 유출된 간충물질의 보급

간층물질과 유사한 성분인 단백질과 가수분해물(콜라겐 가수분해물 등), 보온효과가 있는 아미노산, 식물유출액 등을 모피질로 보급하여 유연성이 있는 모발로 회복한다.

6. 모발의 종류와 그 관리

1) 지성모(Oily hair)

유전적 체질이나 수용성 비타민 부족, 스트레스나 수면부족 등으로 인해 발생될 수 있는 모발로 샴푸 후 1시간 내에 기름기가 돌고 피지나 오일이 발생하면 지성모발이라 한다.

관리 방법

① 브러싱

먼저 몇 번에 걸쳐 가볍게 브러싱한다.

② 샴푸

미온수로 모발을 세척한 후 다시 적당량의 샴푸로 세척한다.
다시 적은 양의 샴푸로 마사지하듯 충분히 반복해서 샴푸한다.

③ 마사지

샴푸 후 깨끗이 세척하고 산도가 강한 토닉을 이용해 가볍게 마사지 한다.

④ 트리트먼트

트리트먼트제를 사용하여 지속적으로 영양을 공급한다.

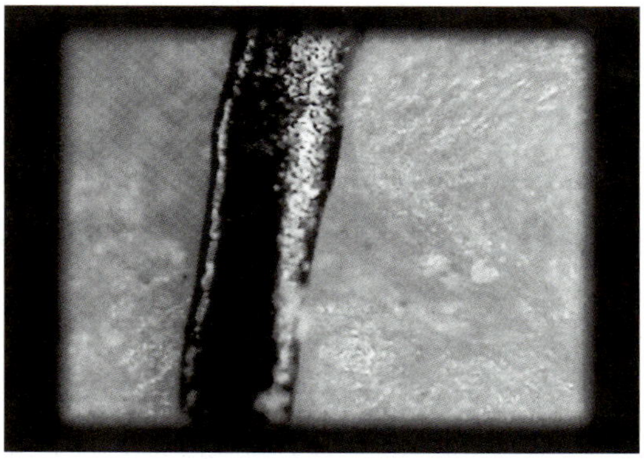

그림 3-24 **지성모**

2) 건성모(Dry hair)

잦은 화학적 시술이나 기구에 의한 영향을 받아 비타민이나 단백질 성분이 손상된 상태를 말한다. 샴푸 후 조금만 지나면 모발의 윤기와 기름기가 없어져 푸석푸석하게 되는 모발로 열기구의 손상을 받기 쉽다.

관리 방법

① 브러싱

먼저 가볍게 브러싱한다.

② 트리트먼트

단백질 성분의 트리트먼트 후 스티머로 열을 가해준다.

③ 마사지

트리트먼트로 마사지 후 샴푸와 린스로 세척한다.

- 펌 시술시 : 트리트먼트제를 사용하여 지속적으로 영양을 공급한다.
- 기타관리 : 모발의 엉킴이나 정전기 방지를 위해 트리트먼트와 큐티커버, 에센스 등을 지속적으로 사용한다.

그림 3-25 건성모

3) 비듬모(Dandyruff hair)

두피표면의 각질층이 노화되어 두피의 때와 피지의 분해산화물이 혼합된 노폐물이 모발에 묻어있는 상태를 말한다.

관리 방법

① 브러싱

먼저 몇 번에 걸쳐 가볍게 브러싱한다.

② 마사지

두피의 혈액순환을 좋게 하고 신진대사를 원활히 하기 위해 두피 마사지를 한다.

③ 샴푸

약알칼리성 샴푸로 매일 감고 2~3일에 한번씩만 항진균제 비듬샴푸를 한번 더 사용한다.

- 지성모발 : 헤어토닉을 이용하여 모발전체를 골고루 도포한 다음 마사지하듯 헹구어낸다.
- 건성모발 : 식초를 물에 10배 희석하여 린스대신 헹구어낸다.

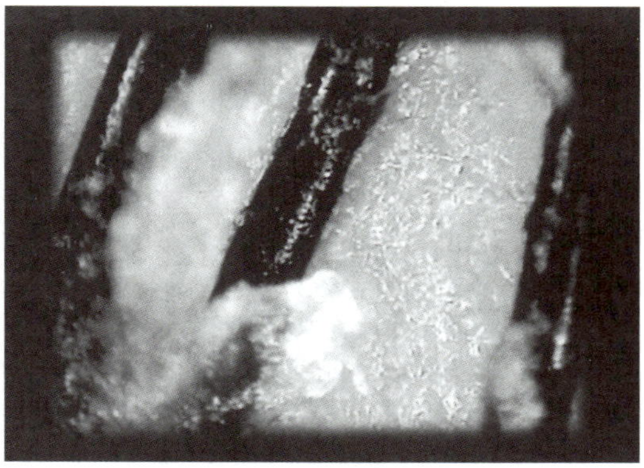

그림 3-26 비듬모

4) 탈모모발(Alopecia)

유전적 체질이나 신체적 이상, 정신적 스트레스 등으로 모발이 빠지는 것으로 자연탈모, 지루성탈모, 비듬성탈모, 비만성탈모, 원형탈모 등의 종류가 있다.

관리 방법

① 브러싱

먼저 여러 번 가볍게 브러싱하고, 끝이 둥근 브러시로 두피를 고르게 두드려 마사지한다.

② 트리트먼트

두피강화용 트리트먼트와 모발성장 촉진용 트리트먼트를 두피와 모발에 적당량 도포한 후 두드리고 비벼 마사지를 5분 이상 계속한다.

③ 샴푸

모발성격에 맞는 샴푸를 사용하고 항상 청결상태가 유지되도록 한다.

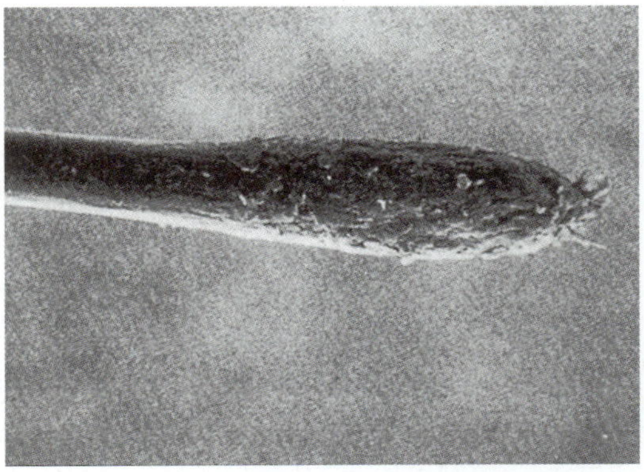

그림 3-27 **탈모모발**

5) 펌 손상모

탄력있고 오래가는 퍼머넌트 웨이브를 내려면 토대가 되는 모발이 건강해야 한다. 손상된 모발은 퍼머넌트 웨이브를 행할 때, 자칫하면 오버타임이나 강한 퍼머넌트 웨이브제에 의하여 절모를 일으킬 위험이 있다. 따라서 퍼머넌트 웨이브를 하기 전에 모발의 상태를 잘 관찰하여 거기에 맞는 처리를 할 필요가 있다.

손상모에 퍼머넌트웨이브를 할 때에는 헤어트리트먼트제를 도포하여 어느 정도 손상을 회복시키고나서 시술해야 한다. 헤어트리트먼트의 시술횟수나 사용할 트리트먼트는 손상의 정도에 따라 다르다. 또 모발은 한 달에 약 1cm, 1년에 약 12cm 자라나기 때문에 한 올의 모발이라도 모근과 모선의 상태는 다르며 모선은 아무래도 변화가 심할 수밖에 없다. 따라서 약액의 역할도 다르기 때문에 모근에서 모선까지 자연스럽고 아름다운 웨이브를 얻으려면 모선의 손상된 부위에 트리트먼트를 하여 보호해야 한다.

트리트먼트제는 폴리펩타이드 등을 배합한 손상부에 침투하기 쉬운 액상제품이 적당하다. 이때에 모발을 약간 건조시키는 것이 트리트먼트제가 잘 흡수된다. 손상부에 흡수된 전처리 트리트먼트제(pre treatement)가 퍼머넌트 웨이브제의 침투를 적당하게 억제함으로 퍼머넌트 웨이브제의 작용을 고르게 하여 너무 지나침을 방지하고 아름다운 웨이브를 얻을 수 있는 것이다.

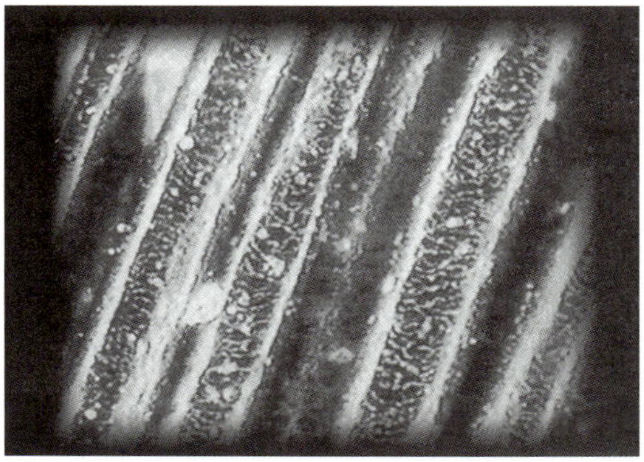

그림 3-28 **펌손상모**

손상정도가 클 경우에는 프리 트리트먼트로서 크림 타입이 적당하다. 그렇지만 크림타입을 사용할 때는 그 속에 배합되어 있는 유성성분 등에 의해서 과잉보호되는 수도 있고 그 때문에 퍼머넨트 웨이브제의 작용이 필요 이상 억제되어 오히려 웨이브가 나오지 않는 경우도 있으므로 주의해야 한다.

관리 방법

① 샴푸

유분 함유가 많은 것을 선택한다.

② 드라이

샴푸 후 전처리의 흡수를 좋게 하기 위해 모발을 가볍게 타월 드라이로 말린다.

③ 전처리

PPT제품으로 7~8분 정도 열처리 후 사용한다.

④ 트리트먼트

손상된 모발을 생기있고 매끄러운 머릿결로 유지할 수 있는 트리트먼트를 사용해야한다.

6) 염색모(Dyed hair)

산화염료와 과산화수소를 사용함으로서 색소를 형성하는 모발로 산화염료의 침투로 인한 색상변화와 손상상태를 확인할 수 있다.

관리 방법

① 샴푸

유분 함유가 많은 것을 고른다.

② 드라이

샴푸 후 전처리의 흡수를 좋게 하기 위해 모발을 가볍게 타월 드라이로 말린다.

③ 트리트먼트

손상된 모발을 생기있고 매끄러운 머릿결로 유지할 수 있는 트리트먼트제를 사용한다.

④ 기타 관리

염색 후 반드시 염색 전용샴푸와 린스를 사용하고 염색 전후에 트리트먼트를 여러 번 해주는 것이 좋다.

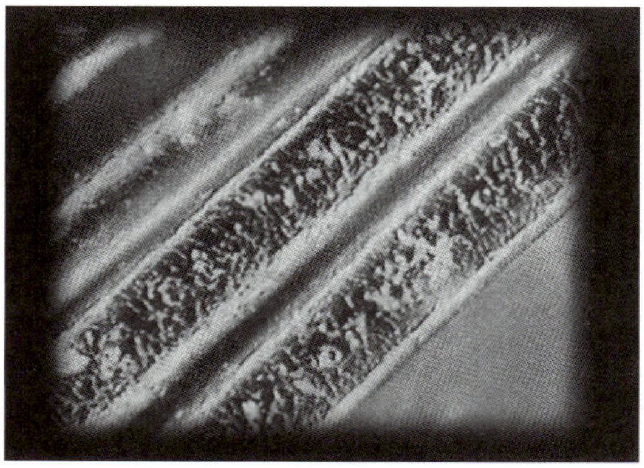

그림 3-29 **염색모**

7) 손상모(Damaged hair)

가늘고 손상이 심한 모발은 거듭된 화학제품의 영향으로 모수질이 손상되어 두피에 공급되는 모발성장 영양분을 원활하게 전달하지 못하므로 머리카락이 더욱 가늘어지게 된다. 방치할 경우 결절모나 탈모현상으로 이어진다.

관리 방법

① 브러싱

가늘고 손상이 심하면 주로 건조하고 푸석푸석하므로 가볍게 브러싱을 한 후 영양크림과 트리트먼트제를 도포하고 스팀타월을 한다.

② 샴푸와 마사지

스팀타월 후 두피와 모발전체를 충분히 마사지를 하고 샴푸를 한다.

기타 관리

천연지방이 많이 함유된 음식을 섭취하고 염분이나 조미료 성분이 적은 음식물을 섭취한다.

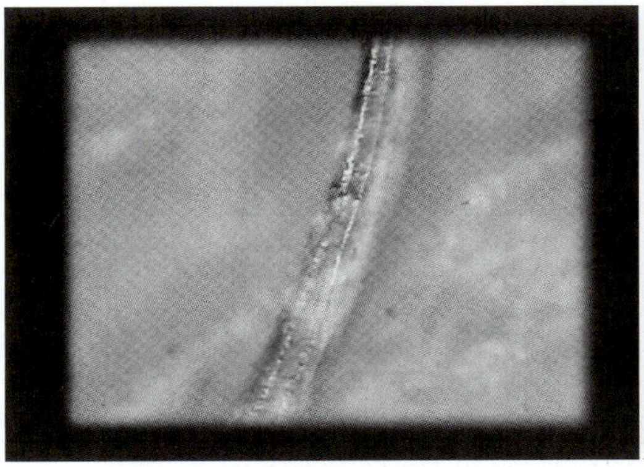

그림 3-30 **손상모**

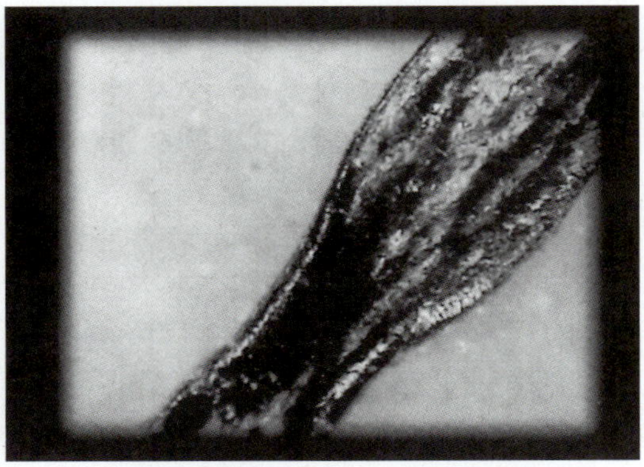

그림 3-31 **다공성모**

8) 다공성모(Porosit hair)

보온, 보습이 용이하지 못하여 간충물질인 케라틴이 심하게 손상된 상태를 말하며, 자외선이나 잦은 시술로 인해 모간에 여러 개의 구멍이 생긴 손상모를 말한다.

관리 방법

① 트리트먼트

가볍게 브러싱한 후 실리콘 오일이나, 모발의 손상부위를 채울 수 있는 단백질 성분의 트리트먼트제를 도포한 후 스티머를 사용한다.

② 드라이 및 관리

자외선이나 기타 환경에 의해 손상받기 쉽기 때문에 드라이를 자제하고 꾸준히 트리트먼트를 한다.

③ 전처리

PPT제품으로 7~8분 정도 열처리 후 사용한다.

④ 샴푸

노폐물이 모공에 남아 모발성장을 억제하지 않도록 깨끗이 세척하도록 하고, 거친 브러싱을 피한다.

⑤ 기타관리

자극에 의한 손상을 방지하고 꾸준히 트리트먼트로 관리해 준다.

9) 지모(Schizotrichia, 枝毛)

결절모발(Trichonodosis)에서 한층 더 손상된 모발로 계속적인 화학제품 시술이나 잘못된 커트로 간층물질이 손상된 모발을 말한다.

관리 방법

① 전처리

손을 이용하여 여러 번 가볍게 브러싱하고 실리콘 오일이나 모발의 손상부위를 채울 수 있는 단백질 성분의 트리트먼트제를 도포한 후 스티머를 사용한다.

② 커트로 제거

모수질의 건강상태를 체크하여 손상된 부위는 커트로 제거한다.

③ 트리트먼트

지모가 많은 모발은 커트를 한 후 퍼머를 해도 지모가 계속 발생하므로 스티머로 열을 가한 후 소량의 트리트먼트 크림을 도포하고 제1액을 사용한다.

10) 열모(Trichorrhexis)

지모에서 한층 더 손상된 모발로 별도의 방안이 없을 정도로 모발손상이 최악이다. 이 경우에는 육안으로도 확인이 될 만큼 손상이 심하며 전문가의 관리가 필요하다.

관리 방법

① 전처리

손을 이용하여 여러 번 가볍게 브러싱하고, 실리콘 오일이나 모발의 손상부위를 채울 수 있는 단백질 성분의 트리트먼트제를 도포한 후 스티머를 사용한다.

② 커트로 제거

모수질의 건강상태를 체크하여 손상된 부위는 커트로 체크한다.

③ 트리트먼트

커트부위는 모발을 보호할 수 있는 실리콘 오일이나 트리트먼트제를 충분히 마사지하듯 발라준다.

④ 추가시술

손상부위 커트 후 3~4일 후에 시술하는 것이 바람직하다.

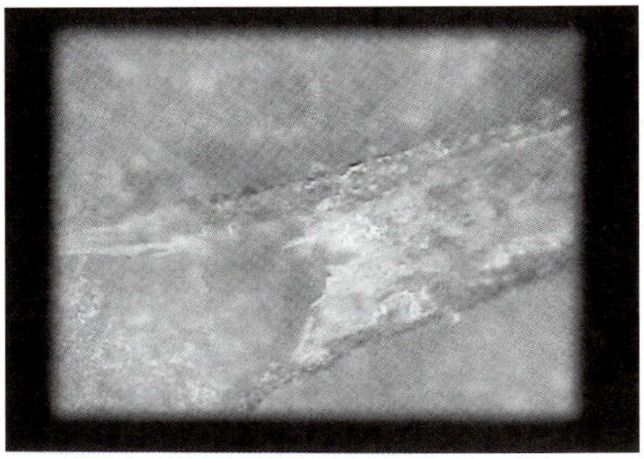

그림 3-32 **열모**

7. 제품과 기구를 이용한 모발관리

모발을 손상시키는 원인에는 여러 가지가 있지만 조금만 주의하면 손상을 예방할 수가 있다. 그 예로 먼저 브러싱을 할 때에 빗질을 부드럽게 하여 마찰에 의한 저항을 적게 하는 것이 중요하다. 브러싱을 할 때는 모표피에 손상을 주기 쉽고 모발이 끊어지거나(절모) 끝이 갈라지기(지모)가 되기 쉽다. 그러므로 모표피에 유분을 보급하여 모발 표면을 매끄럽게 함과 동시에 양이온 계면활성제 등으로 정전기 발생을 억제하고 빗질이 부드럽게 되도록 하는 것이 필요하다.

또 최근에는 가정에서의 헤어스타일링법으로 쓰이고 있는 미용기술의 한 가지로 브로우 드라이 마무리가 있는데, 이 브로우 드라이를 고온으로 사용하면 모발의 단백질을 변성시키거나 단백질을 용출시켜 모발을 건조화시킨다. 그러므로 브로우 드라이 마무리를 할 때에는 모발에 크림상 타입이나 거품상 타입의 트리트먼트제를 도포하여 브러싱 할 때 마찰을 적게 하고 동시에 건조화를 막는 것이 필요하다.

모발이 손상을 입으면 물리적 변화와 화학적 변화가 일어난다. 물리적 변화에는 광택, 강도, 탄력의 저하, 마찰저항의 증대, 수분능력의 저하 등이 있으며 화학적 변화에는 시스틴양의 감소와 시스테인산의 증가를 대표하는 아미노산 조성의 변화와 다른 종류의 아미노산의 생성 등이 있다.

헤어 트리트먼트제에 배합되어 있는 유성성분은 보통 미립자로 유화되어 있으므로 모표피의 틈새로부터 모피질 속으로 침투하여 모발을 부드럽게 한다. 또 모표피를 유성피막으로 덮어 수분증발을 억제하고 건조방지의 역할도 한다. 헤어트리트먼트제에는 사용목적이나 내용성분에 따라 많은 종류가 있는데 그 특성에 맞는 사용법을 택하는 것이 효과적이다.

1) 헤어팩(Hair packs)

모발에 청결과 영양을 흡수시키기 위한 트리트먼트 기법으로서 청결을 위한 팩은 모발을 크린싱하기 위한 것이고, 영양을 위한 팩은 모발에 유분과 윤기를 주기 위한 것이다.

① 샴푸 후 타월드라이 한 후 트리트먼트 크림을 충분히 바른다.

② 충분히 바른 후 양손바닥을 이용하여 잘 스며들 수 있도록 마사지한다.

③ 스티머에 넣고 45~50℃ 온도로 10분간 스팀을 가한다.

④ 스팀 후 가볍게 세척하여 타월로 닦아낸다.

2) 클리핑(Clipping)

큐티클 층이 벗겨졌거나 모발 끝이 갈라진 부분을 제거하는 방법으로 손상된 부분을 얇게 슬라이스하여 비틀어 꼬면 갈라진 부분이 외부로 뻗치게 된다. 이때 가위를 사용하여 모발 끝에서 모근 쪽을 향해 잘라나가는 기법이다. 이로서 불필요한 모발이 제거되고 손상된 모발로부터 수분과 유분이 없어지는 것을 방지하게 된다.

3) 손상모 샴푸

손상되고 건조한 모발을 회복시키고 두피의 오염물질 제거로 모발의 영양공급을 원활하게 하여 윤기를 더해주며, 모발을 보호하고 성장을 촉진시킨다.

퍼머 모발에는 컬의 늘어짐을 방지하는 샴푸를 선택하고, 염색모발에는 퇴색방지, 윤기부여가 가능한 염색전용샴푸를 쓰는 것이 좋으며 자주 하는 모발에는 보습효과를 주는 샴푸를 선택한다.

손바닥에 적당량을 덜어 두피에서부터 모발 끝까지 가볍게 마사지 하듯 약 2분 정도 샴푸한 후 헹구어낸다. 샴푸 후 린스하여 윤기를 더해준다.

4) 산성샴푸

알칼리화된 모발을 중화시키는 pH 5 정도의 약산성 샴푸로서 모표피를 닦아주고 손상을 막아주며 잔류성분을 제거하여 퇴색을 방지한다. 또한 민감한 두피를 보호하고 모발전체에 부드러움과 윤기를 준다. 특히 곱슬스트레이트 펌을 한 후에는 산성샴푸를 사용하는 것이 좋다.

5) 리퀴드(Liquid)

모발과 동일한 18가지 케라틴 성분의 단백질이 빠져나간 모발의 구멍을 보수해준다. 헹구어 낼 필요가 없고 드라이어의 열로 모발조직과 완전 결합시키면 리퀴드 성분은 샴푸 후에도 흘러나가지 않으며 모발손상을 보수, 재생, 강화시켜 준다.

리퀴드 소량을 손바닥에 덜어서 모발전체에 균일하게 도포한 후 헹구어내지 않고 그냥 스타일링한다.

6) 영양팩

건성모, 민감성 모발과 끝이 갈라진 모발을 위한 제품으로 모발에 생기를 주고 비듬예방 및 부드러움과 윤기를 부여한다. 팩에 들어있는 식물성 오일성분이 모발을 유연하고 매끄럽게 해주며 손상된 큐티클을 회복, 탄력있고 윤기있게 만들어준다.

① 영양팩 사용 방법은 먼저 손등에 조금씩 짜서 두피부분을 짧게 원을 그리면서 마사지한다.

② 모발은 섹션을 조금씩 하여 골고루 바른다.

③ 손상된 모발에 집중적으로 터치한 다음 랩을 씌워 10~15분 정도 방치한다.

7~15일에 한번씩 사용해도 효과가 확실하다.

7) 앰플

오일과 식물성 오일, 비타민 등을 함유하여 모발에 영양과 수분을 공급하고 파마나 염색으로 인해 손상된 모발의 단백질을 회복시킨다. 파마나 염색 전후에 사용하며 갈라진 모발 끝을 회복시키며 윤기와 부드러움을 준다.

샴푸 후 잘 헹구고 닦은 모발에 도포한 후 부드럽게 마사지하고 빗질을 하면서 모발전체에 앰플 1개를 발라준다. 집중 클리닉시에는 약 3주간 앰플을 1주일에 2개씩 사용하고 그 후 유지시키고자 할 때는 6주간 일주일에 1개씩 사용한다.

앰플은 바른 후 절대로 헹구어내지 않는다.

8) 에센스

염색 및 파마, 잦은 드라이 사용으로 손상된 모발에 영양을 공급해 탄력있고 윤기있는 머릿결로 만들어주는 제품으로 모발이 쉽게 탈색되고 가늘어지는 것을 억제해준다. 또한 고분자 실리콘 마이크로 막이 손상된 모발에 코팅효과를 주어 건강한 머리결로 유지해주며 모발의 수분 보유력을 증가시켜 탄력있고 볼륨감있게 표현해준다.

손바닥에 몇 방울을 떨어뜨려 모발전체에 골고루 바른다.

9) 헤어 투페이스 스프레이(Hair 2phase spray)

투명층의 실크 프로테인 성분이 모발의 모피질층에 침투, 손상모를 보호하며 실리콘 성분이 모발의 큐티클층을 감싸 지모, 절모 등을 방지하고 모발에 광택을 준다. 그리고 웨이브를 되살려 빗질을 쉽게 하여 엉킨 모발도 풀어준다.

샴푸 후 충분히 흔들어 준 다음 모발에 스프레이 한다.

10) 헤어오일

불포화지방산이 매우 풍부해서 모발의 적당한 유분과 수분을 적정하게 유지시키도록 보호막을 형성시켜 준다.

손바닥에 몇 방울을 떨어뜨려 모발에 충분히 바른다.

11) 헤어크림

파마, 염색, 드라이로 인해서 발생할 수 있는 모발 손상을 방지하고 파마, 염색 전후에 사용하면 수분을 재공급하고, 모발을 부드럽게 하여 엉킴을 방지하며 모발 보호 효과를 증가시킨다.

파마 전·후에 약간의 물기가 있는 모발에 도포하여 3~5분간 자연방치한 후 잘 헹구어 낸다.

12) 트리트먼트

트리트먼트는 상한 모발을 위한 것으로 모발 속 깊은 곳까지 수분을 공급해주고 단백질이 빠져나간 틈새에 영양분을 보급하고 벗겨진 큐티클을 인공적으로 붙여놓는 작용을 한다.

약간의 물기가 있는 모발에 헤어크리트먼트제를 모발 전체에 도포하고 3~5분간 자연방치 또는 스팀을 가한 후 깨끗이 헹구어낸다.

8. 모발 보호제의 성분

부드럽고 광택이 있는 아름다운 모발을 유지하려면 수분이나 유분이 중요하다. 보통의 모발은 10~15% 정도의 수분을 함유하고 있어 아름다움을 유지하고 있지만 수분이나 유분이 부족하면 모발은 건조해서 부드러움과 광택을 잃고 마찰 등으로 인하여 손상되기 쉬우며 형태도 나빠진다.

헤어 트리트먼트제는 이러한 손상으로부터 모발을 보호하기 위한 목적으로 사용하는데 대전방지제, 유지류, 습윤제, 모질개량제, 계면활성제 등이 배합되어 두발에 수분이나 유분을 보급한다.

1) 대전방지제

대표적인 것으로 양이온 계면활성제나 양이온성 고분자 화합물 등이 있다. 이들 물질은 모발 케라틴 단백질과의 친화력이 강하여 모발이 음전하로 대전한 곳에 흡착하여 정전기를 방지하고 빗질이 잘되게 한다. 또 모발을 연하고 부드럽게 하여 광택을 준다.

보통 모발보다는 손상모에, 또 온도가 높을수록 잘 흡착된다.

2) 유지류

모발표면을 유성의 피막으로 덮어 수분이 증발하여 건조되는 것을 막고 광택을 준다. 고급 알콜, 에스테르, 지방산 등이다. 라놀린, 스쿠알렌, 밍크, 오일, 올리브 오일 등 동식물 기름이 쓰인다. 또 실리콘도 부드럽게 흐르는 마무리나 광택 개선 등의 목적으로 쓰이고 있다.

3) 습윤제

모발의 수분을 지니도록 하여 부드러운 느낌과 촉촉한 느낌을 주는 목적으로 사용되고 있다. 글리세린, 프로필렌글리콜 등외에 최근에는 식물추출 엑기스 등도 사용된다.

4) 모질개량제

모발에 흡착되거나 침투하여 손상부위의 수정이나 연모에 힘을 주거나 경모에 부드러움을 줌과 동시에 손상으로부터 보호하는 목적으로 사용된다.

5) 계면활성제

서로 섞이기 어려운 물과 기름성분을 고르게 분산시켜 유화하여 유액 또는 크림상으로 하거나 가용화하여 침투상으로 할 목적으로 사용되고 있다. 비이온 계면활성제, 양이온 계면활성제, 음이온 계면활성제, 양성계면활성제가 있다.

이밖에 비듬, 가려움 방지제나 자외선에 의한 손상을 방지하기 위해 자외선 흡수제 등을 배합하는 경우도 있다.

9. 화학시술 전, 후 케어

모발의 건강을 유지하고 화학적 손상으로부터 예방하기 위한 트리트먼트제는 화학시술의 사전과 사후에 모발의 모질과 상태에 따라 적절히 사용되어져야 한다. 펌과 염색의 시술시 모발의 복원력은 떨어지기 때문에 손상방지와 사후케어에 다른 모발의 손상을 줄여주기 위한 처방의 의미가 가장 크다. 결국 수분과 유분을 적절히 공급하여 시술 후 모발의 물리적 특성인 탄력과 광택을 최대한 유지하는 것이 중요하다.

(1) 전처리

퍼머넌트 웨이브 1제를 모발에 도포하기 전 모발의 유,수분 손실을 방지하고 피질의 세포막 복합체인 CMC(cell membrane complex)와 기질조직(matrix)의 결합력을 보강하여 단백질의 유실을 막는다. 전처리 작업은 샴푸한 후 모발을 탈수한 후에 헹구어 내는 크림이나 유화제품으로 도포하고 흡수되도록 마사지하여 약 5분정도 자연방치 한 후 헹구어 내면 된다.

샴푸대에서 모든 작업이 끝나면 손상조건에 따라 PPT(poly-peptide)를 침투시켜 모발과 유사한 아미노산이 아미노기 밸런스와 분자량이 다른 케라틴이 균일하게 분포하여 손상에 의해 절단된 유리 시스틴을 안정시키고 모발의 이황화결합을 강화시킨다.

(2) 중간처리

퍼머넌트 11제에 의해 환원작용 사이에 화학적으로 변성된 단백질 사이에 강한 모발 흡착력을 가진 보습제와 필수 아미노산을 유·수분과 함께 공급하는 것을 말한다. 환원제의 암모니아가 pH를 높여 큐티클을 열어 알칼리화시킨다. 그러므로 단백질과 히아루론산 같은 수분영양소를 채워준다.

(3) 후처리

2제인 산화제처리가 끝나고 나면 모발에 탈지가 많이 이루어져 광택을 잃기 쉽기 때문에 다양한 모발 피수성분을 모발에 공급한다. 특히 유분영양소를 집중적으로 공급하고 18MEA같은 산성물질로 막을 형성하여 시술이 모두 끝나고 난 후 건조시 푸석거림을 예방할 수 있다.

후처리 또는 마무리용으로의 성분으로는 스쿠알렌, 올리브유, 로즈마리, 호호바 등과 같은 천연성분의 에센스를 사용하면 된다.

표 3-1 **트리트먼트 매뉴얼**

퍼머넌트 웨이브	열펌(매직, 셋팅)	염색	매니큐어
샴푸	샴푸	샴푸	샴푸
전처리(PPT)	전처리	전처리(비결정형 케라틴, 글리세린)	전처리(이온화과정포함)
1제도포 및 와인딩	환원제 도포	컬러시술	헹굼
플레인 린스	샴푸 또는 세척	샴푸	매니큐어시술
중간처리	중간처리	헹굼	샴푸
산화제	프레스 또는 와인딩	후처리	헹굼
로드아웃	산화제	마무리	후처리
헹굼	헹굼		마무리
후처리	후처리		
마무리	마무리		

Shampoo & Treatment

CHAPTER 4

두피관리

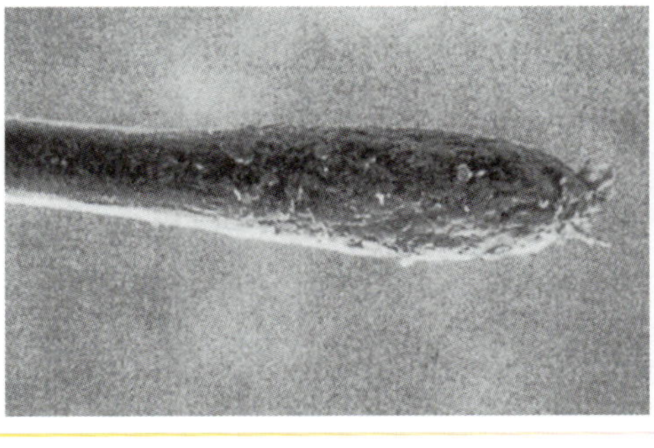

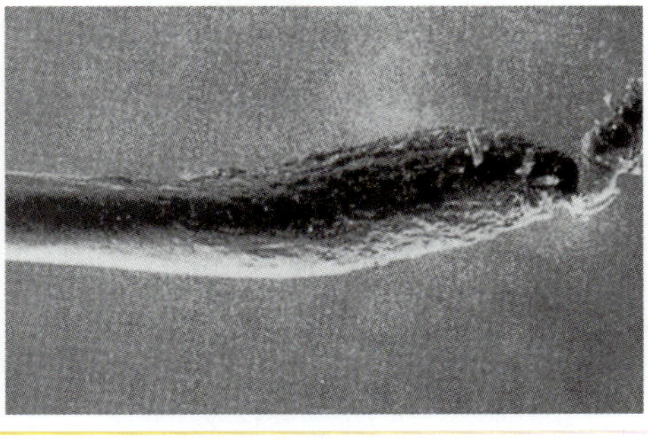

CHAPTER 4
두피관리

1. 두피관리의 필요성

두피관리는 스캘프 케어라고도 한다. 두피관리를 위해서는 먼저 두피를 파악하여야 하는데 피부와 마찬가지로 두피도 정상 두피, 건성 두피, 지성 두피 등으로 나누어진다. 정상두피란 적정한 지방막으로 싸여 있으며 정상적인 각화작용이 이루어지고 있는 두피를 말하며, 지성두피란 피지분비가 과잉된 상태로서 만져보면 끈적거리고 상쾌한 기분을 느낄 수 없는 두피이다. 반면 건성두피는 피지분비가 부족한 상태로서 건조한 느낌과 함께 약간의 가려움을 호소하는 두피이다. 따라서 지성과 건성 모두 각화작용이 원활하게 이루어지지 않는 상태이다.

모발의 성장과 건강은 모두 두피 속의 혈액에 의해 이루어지는 것이므로 땀이나 먼지 그리고 기타 오염의 원인으로부터 두피를 청결하게 지켜나가는 것이 모발을 건강하게 지키고 성장시키는 원천이 될 것이다.

2. 두피관리의 목적

① 비듬제거 및 방지
② 두피의 혈액순환을 촉진시키고 생리기능을 높인다.
③ 탈모를 방지하고 모발의 발육을 촉진한다.
④ 두피를 청결히 하고 정상적인 각화작용을 하도록 한다.
⑤ 두피에 유분 및 수분을 공급한다.

3. 두피의 이상현상

두피의 이상 상태는 두피에 버짐이 생긴 상태로서 모발이 있는 두피주변에 붉은 발진과 함께 각질이 일어나는 상태이거나 황선균에 의한 감염상태로 볼 수 있다. 또한 두피강화는 두피가 딱딱해져 혈액의 원활한 순환을 방해하므로 탈모가 유발되는 현상으로 두피구조 속으로 들어오는 결합부분의 과다성장에 의해 손상을 입은 세포조직의 병리학적 경화현상이다. 의학적인 치료가 필요하며 마사지를 통해 두피의 유연성과 모구의 세정작용에 도움을 줄 수 있다. 두피의 병리현상에 대해 알아보자.

1) 건성두피(Dry scalp)

건성두피는 크게 외인성 원인과 내인성 원인으로 나눌 수 있다.

(1) 외인성

산성막이 부분적 또는 전체적으로 파손되며 두피가 극도로 당기며 가려움증, 염증, 피부박리, 두피손상을 일으킨다 원인으로는 환경오염의 증가, 화학적인 문제를 일으키는 물과 공기, 부적당한 샴푸의 사용, 난방에 의한 건조한 공기 등이다.

관리 방법

① 모발 트리트먼트 및 각질층의 건조, 비듬, 염증을 막기 위해 두피에 수분을 주는 헤어크림을 발라준다.
② 두피에 혈액순환과 산소공급이 원활히 되도록 한다.
③ 카모마일 성분의 제품을 사용함으로써 부드러움과 진정효과가 있다.
④ 살균제품을 사용하여 두피와 모발의 위생을 철저히 한다.

(2) 내인성

혈관의 기능부전이나 장애를 일으키며 피지선과 한선의 기능이 저하되고 산성막이 파손된다. 원인으로는 일상적인 스트레스, 유전적인 현상, 노화과정, 호르몬의 이상, 비타민의 부족, 신진대사의 이상 등이다. 내인성 두피이상은 내부원인의 치료가 중요하므로 의사의 진단과 치료가 필요하다.

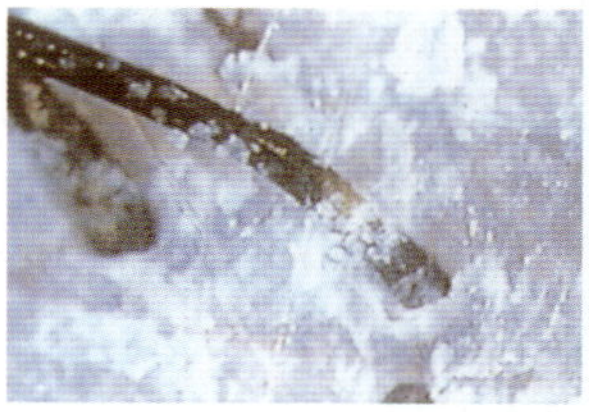

그림 4-1 건성 및 비듬성 두피

2) 지성두피(Oily scalp)

(1) 두피와 피지분비

더러워진 두피는 비듬이나 가려움증을 발생시키는 원인도 되며, 피지 분비의 밸런스를 깨뜨려 발모에 지장을 줌으로써 모발의 성장을 방해하기도 한다. 또한 두피가 정상화되어도 육모를 촉진하는 환경이 마련되지 않으면 탈모의 원인이 된다.

피지분비가 과잉되면 육모에 지장을 초래하여 과산화지질 등을 생성하며 악취나 피부염을 발생시키거나 호르몬의 밸런스를 불균형하게 된다.

(2) 과잉 피지

모발은 2~3가닥씩 같이 다발이 되어 돋아난다. 피지가 두피 전체에 나와 있으며 모공부분에도 여분의 피지가 가득 찬다. 두피의 여분의 피지는 깨끗이 세정력 있는 샴푸로 씻어주어야 한다. 피지는 하루평균 1~2g 분비되며 개인차에 따라, 계절에 따라, 생활환경에 따라 다를 수 있다.

(3) 지루(seborrheic)

피지선의 과잉분비로 인해 과다하게 분비된 피지가 두피와 모발을 지성화시켜 지성비듬, 두피 각화증, 탈모, 가려움증을 나타낸다. 호르몬, 유전, 사고, 쇼크, 병리, 과다한 마사지, 강력한 모발제품에 대한 중독이 원인이 된다.

관리 방법

① 과다한 피지 분비 작용을 억제시키고 수렴과 진정의 효과가 있는 하마멜리스(hamamelis)를 원료로 한 트리트먼트를 사용한다.

② 지성비듬이나 탈모현상을 수반할 수 있으므로 보습과 건강한 두피를 유지하기 위하여 두피의 자연기능을 원활히 해준다.
③ 과다한 피지를 줄이기 위해 원인에 대한 분석과 치 료가 필요하다.

(4) 다한증(hyperhidrosis)

한선의 과잉생산으로 분비된 땀이 원인이며 과다한 땀의 분비, 두피 당김, 가려움증, 기름기 있는 모발, 악취 증상이 있다. 스트레스, 신경과민, 감정의 격화, 극도의 피로, 발열성 질병, 약물중독, 부족한 영양섭취, 기후, 운동 등이 원인이 된다 .

관리 방법

① 두피의 탄력과 부드러움을 향상시키는 알란토인을 원료로 한 제품을 사용한다.
② 멘톨은 두피에 유연성과 생기를 주며 염증을 가라앉힌다.
③ 수렴작용에 의해 두피를 강화시킨다.
④ 순한 샴푸와 테크닉으로 모발을 청결히 하되 완벽한 보호를 위해 부드럽게 다루어야 한다.

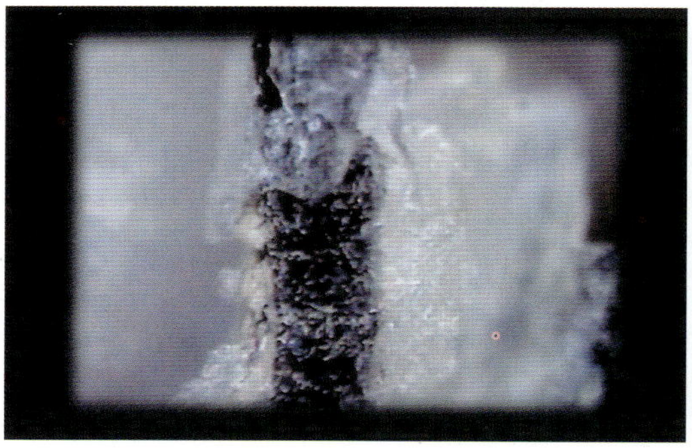

그림 4-2 과잉피지

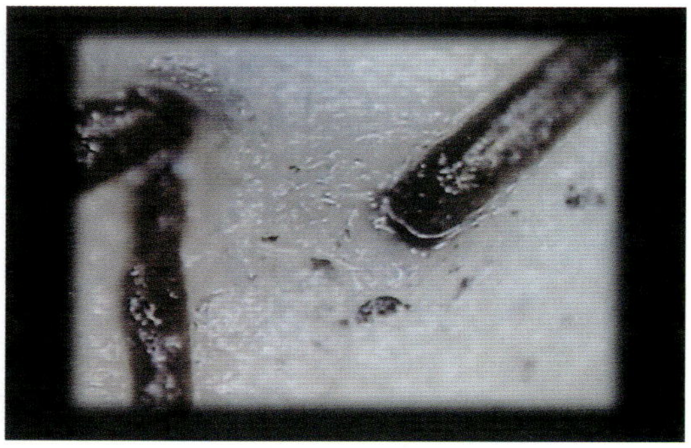

그림 4-3 피지와 모구

그림 4-4 두피와 피지

그림 4-5 두피와 과잉 피지

3) 비듬두피(Dandyruff scalp)

두피가 각화되어 벗겨진 것이 비듬이며 누구에게나 볼 수 있는 신진대사의 일종이다. 각화 이상이 생기면 비듬의 양이 증가할 수 있다. 초기의 처치가 중요고 오래되면 염증이 일으킬 수 있다. 또한 탈모현상이 일어날 수 있다. 유전적 이외에도 탄수화물이나 지방의 지나친 섭취, 세균 등을 생각할 수도 있다. 올바른 샴푸를 해야하며 영양의 밸런스도 중요하다. 또한 두피의 청결함이 제일 중요하다.

(1) 비듬과 영양

① 스트레스로 인해 비듬이 많은 경우 : 동물성 지방 섭취를 줄이며 콩, 식물섬유, 깨, 단백질을 섭취한다.

② 머리숱이 적은 경우 : Ca(칼슘)이 많이 들어있는 생야채, 우유, 치즈, 미역을 섭취한다.

③ 모발이 많이 빠질 경우 : 염분을 절제하고, 철분, 단 음식, 파슬리, 양배추, 시금치를 섭취한다.

(2) 비듬주기

비듬은 일반적인 사람에게서 흔히 볼 수 있는 것이다. 이상이 있는 비듬은 피지의 산화(과산화 지질의 생성)나 세균 등에 의해 발생된다. 비듬에 의해서 두피의 신진대사가 지장을 받으면 컨디션 정도나 호르몬의 밸런스까지도 불균형하게 되어 탈모의 원인이 된다. 두피는 늘 신진대사를 반복해가며 자연히 각화되어 비듬이 되어 떨어지는데 떨어지기까지 약 25~30일 정도 걸린다.

비듬은 각질 세포가 벗겨서 떨어진 것으로 신진대사의 일종이다. 표피는 기저세포에서 만들어진 세포분열을 반복함에 의해 각화된 각질세포가 되어 각질층을 형성한다. 비듬은 새롭게 기저세포가 분열됨과 동시에 표피 가까이 있는 각질 세포가 밀려올라가 떨어져서 생겨난다. 정상적인 사이클은 28일이다.

(3) 정상비듬

노화된 각질이 피지의 분해 산화물과 혼합되어 작고 흰 비늘의 형태이며, 비듬은 신진대사의 불균형에 의한 현상이므로 정상적인 두피에도 생길 수 있다.

(4) 건성비듬

두피의 원활치 못한 기능 예를 들면, 저조한 신진대사, 신경자극의 결함, 다이어트, 두피의 불결한 관리 등이 원인이 된다. 특징으로는 다음과 같다.

① 무색의 평평하고 작은 입자의 비듬이 형성된다.
② 건조한 비듬이 떨어지며 얼굴도 거칠어진다
③ 피부는 수분결여로 조기 노화현상이 나타난다.
④ 외적요인이 많아 주로 건조한 두피에 생긴다(비듬이 보임)

(5) 지성비듬

피지선의 기능과다로 발생되는 표피 각질층의 박리에 의해 형성된다. 규칙적인 두피 트리트먼트와 마사지, 순한 샴푸의 사용, 방부성을 지닌 두피제품을 사용하여 지속적인 관리를 해줄 필요가 있다. 특징은 다음과 같다.

① 모근에서 몇 cm 위에 작은 입자의 비듬현상을 볼 수 있는데 판모양을 하고 있으며 많은 양은 아니다.
② 손가락으로 만지면 미끈미끈하며 번들거리는 윤기가 난다.
③ 두피의 염증에 의해서 피지 분비가 많을 때 생긴다.

4) 두피의 염증

(1) 두피의 염증

두피의 염증은, 피지의 변화(과산화지질의 생성), 두피의 상처, 자극성 성분의 잔류 등에 의해 발생한다. 겉보기에 붉은 끼가 있는 두피는 주의하여 샴푸하며, 샴푸 후는 스캘프 프로텍팅 로션으로 두피를 조정한다.

(2) 혈행과 두피의 온도

모발은 모유두에 있는 모모세포가 세포분열을 반복하여 S-S 결합이 많아지게 되어 확실한 건강모발로 성장해 간다. 혈행이 나빠지고 온도가 낮을 경우에는 영양분이 원활하게 보급되지 않기 때문에, 모발의 성장을 방해하게 된다. 두피마사지 외에 식물성 엑기스, 니코틴산 벤질로 혈행을 좋게 함으로서 육모를 촉진한다.

(3) 두피의 손상 원인

모발이 더러워지며 모발이 서로 달라붙어 모발의 신진대사를 방해한다. 모발은 전기의 극성이 마이너스이고, 이물질(더러움)은 플러스이기 때문에 서로 달라붙은 힘이 강하다. 또한 모발의 생육을 저해하는 등 상처를 만드는 원인이 된다.

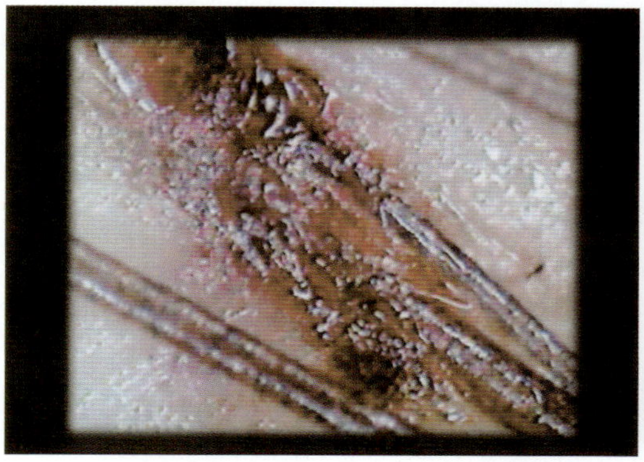

그림 4-6 **두피 손상**

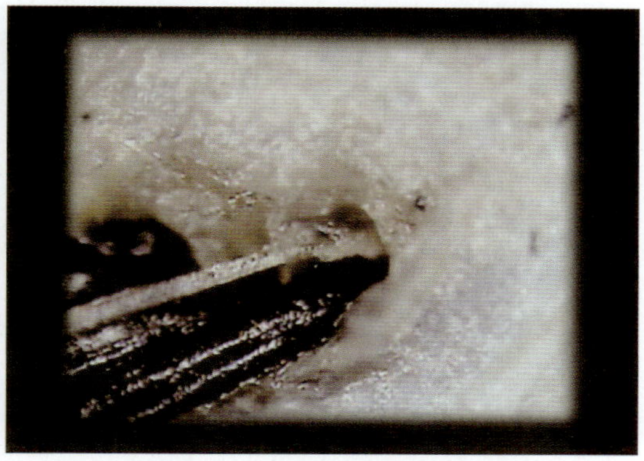

그림 4-7 **모구와 상처**

4. 탈모(Alopecia)

모발은 3~6년의 헤어사이클이라고 하는 수명을 거쳐 모발이 자연적으로 서서히 빠지는 자연탈모와 병적으로 일어나는 이상 탈모로 나눌 수 있다. 탈모의 원인은 다양하며 과학적으로 확실하게 규명되어 있지 않으나 유전, 영양밸런스, 호르몬 밸런스, 스트레스, 혈액순환 부전, 피지 등이라고 볼 수 있다. 이와 같은 탈모의 경우 새로운 모발의 재생이 어려우므로 모발성장 촉진을 위한 모발관리가 필요하다.

1) 탈모의 원인

(1) 외부적 요인

① 지나친 압력과 당김
② 헤어커트에 의한 손상 및 상처
③ 모자의 착용
④ 비위생적인 모발관리
⑤ 자연적인 원인 : 기온이나 대기압력의 차이, X선조사
⑥ 화학적인 원인 : 부적절한 두발제품의 사용으로 인한 산성막의 파괴
⑦ 세균이나 균류의 증식

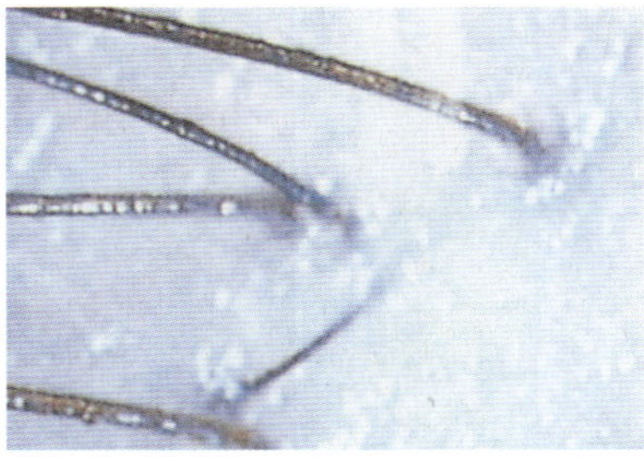

그림 4-8 **탈모진행형 두피**

(2) 내부적 원인

① 생리적인 원인

모발의 성장주기가 다른 여러 요인들에 의해 영향을 받아 각 단계가 늦추어지기도 하고 빨라지기도 한다.

② 병리학적 원인

발열, 혈액순환장애, 항응고성 질병, 감기, 매독, 장티푸스, 간염 등의 전염성 질병과 그밖에 신경과민 등의 신경성 질병 등이 탈모현상을 수반하기도 한다.

③ 호르몬과 유전

여성과 남성 모두에게 영향을 미치며 치유하기 힘든 탈모를 일으킨다.

안드로겐의 과잉분비는 피지선의 활동을 촉진시키고 지루성 비듬을 발생시켜 탈모의 증상을 더욱 악화시킨다. 아토피성 체질인 사람은 아토피성 탈모증을 일으키기 쉽다. 갑상선 기증의 저하와 경구피임약도 탈모의 원인이 된다.

④ 과도한 스트레스

모발의 성장 주기를 조정하는 것은 자율신경계이다. 스트레스가 심해지면 자율신경의 장애를 일으키고 이는 혈액순환에도 영향을 주어 두피의 혈행장애와 연결된다. 두피에 혈액이 제대로 전달되지 않으면 모발에 영양이 충분히 공급되지 못해 탈모가 일어난다.

⑤ 두피의 이상현상

지성두피, 건성두피, 두피경화증, 두피가 잘 발달되지 못한 사람은 두피가 긴장되고 두피내의 혈관이 압박을 받아 혈액순환이 나빠진다. 그 결과 모근에 영양이 미치지 못해 성장이 멎고 머리카락이 빠지게 된다.

⑥ 영양장애

다이어트, 불규칙한 식습관, 편식 등에 의한 영양의 불균형이 탈모를 유발한다.

2) 탈모의 종류

(1) 원형탈모증

원형탈모증은 원형으로 탈모가 되는 것을 말하는데 단발성 원형탈모증(한 곳)과 다발성 원형탈모증(여러 곳)으로 나눌 수 있다. 특별한 증상은 없으며 1~5cm 정도의 원형 내지 타원형의 탈모 영역이 만져보면 평평하고 매끄러운 느낌이 들며 탈모되지 않은 부분과 경계가 뚜렷하다. 탈모증이 심해지면 원형의 크기와 수가 증가하며 원형의 탈모부분이 연결되고 두상전체에 퍼지게 된다.

정신적인 스트레스, 욕구불만 등으로 교감신경(자율신경장애)의 긴장에 의한 혈행 장애가 주원인이며, 알레르기성에 의해 야기되기도 하고 소화성 궤양과 함께 발생하기도 한다.

전염성은 없으나 두피 내에 생긴지 약 2~6주 후에 다시 생겨날 수 있다. 유전적 알레르기성 체질과 정신건강에 의한 치료는 비교적 어려우나 스트레스로 인한 치료는 권장할 만 하다. 미용에서는 혈액순환 촉진 자극 마사지와 비타민제로 머리카락이 다시 자라나올 수 있도록 도울 수 있다.

(2) 남성, 여성 탈모증

① 장년성 탈모증

원인은 남성 호르몬 과잉 또는 혈행 장애에 의한 것으로 20세 전후에 나타나며 모발의 굵기가 가늘어지면서 탈모가 된다.

② 노인성 탈모증

원인은 모유두의 조직노화, 유전적 요인에 있으며 주로 50세 이후에 나타난다. 모발이 소실되면 다시 자라나기 어렵다.

③ 여성탈모증

원인은 남성 호르몬의 증가로 호르몬의 변화가 탈모를 일으키며 모발량이 다소 감소하는 정도이다.

(3) 휴지기 탈모증

헤어사이클이 정상상태에 비해 짧아져 탈모를 일으키는데 두피와 정상적인 휴지기 모낭으로부터 조기에 과도하게 곤봉형태의 모발이 탈모하는 현상이다. 즉 여러 가지 원인에 의해 모발이 성장기에서 퇴화기를 거치지 않고 휴지기로 이행되어 발생하며 모낭에 염증을 볼 수 있다. 정상적인 휴지기 모발의 비율은 5~23%인데 휴지기 탈모환자는 25% 이상이며 정상인의 1일 탈모 수는 약 50~70개이고 휴지기 탈모환자는 120~140개이다.

① 출산 후 휴지기 탈모

출산 후 2~5개월 정도부터 탈모가 시작되는 증상이다. 정상적인 모발의 휴지기 비율은 14%인데 출산 후에는 24~46%가 된다. 출산 후 2~6개월부터는 탈모현상이 일어나지만 점차 회복기를 거쳐 3~6개월이면 정상적인 상태로 회복된다.

② 열병 후 휴지기 탈모

장티푸스 등의 고열을 동반하는 질병을 앓고 난 후 2~4개월부터 탈모현상이 일어난다.

③ 견인성 휴지기 탈모

견고하게 머리를 땋거나 감아 올릴 때 탈모현상이 일어난다.

(4) 성장기 탈모증(Anagen effluvium)

세포독성이 강한 항암제를 투여한 직후 1~2주 후에 나타나며 모모세포의 분열을 억제하므로 탈모가 일어나게 된다. 모간은 약효가 지속되는 동안 가늘어지며 모구가 손상되면 모구가 빠지기도 하는데 이런 현상은 성장기 모발에서만 일어나므로 증상이 심하다. 그러나 세포분열을 하지 않는 약 10%의 휴지기 모낭은 영향을 받지 않으므로 생존하며 이미 탈모된 모발의 상당수는 항암치료가 끝나면 회복되기도 한다.

(5) 기타 탈모증

① 영양결핍으로 인한 탈모증

영양결핍으로 모모세포가 위축되고 헤어사이클도 짧아져 탈모현상이 일어나며 영양상태가 좋아지면 탈모증세도 나아진다.

② 압박성 탈모증

두피가 압박되어 영양이 정상적으로 공급되지 못해 생기는 탈모증상으로 오랫동안 누워있는 영아의 후두부나 수술 후 같은 위치로 누워있는 환자에게서 볼 수 있다.

③ 발모벽

자신의 모발을 잡아당겨 뽑는 비정상적인 버릇으로 일종의 정신질환이다. 주로 10세 이하의 우울증이 있는 비만성 여자어린이에게서 볼 수 있다.

④ 지루 탈모증

비듬에 의한 탈모와 연관이 있는 탈모로서 유분이 많이 분비되는 지루성 두피는 지성비듬을 유발시키며 지루성 인설(기름기의 노란 각질) 및 지루피부염의 징후와 동반하여 탈모가 일어난다.

⑤ 비강성 탈모

비강성 탈모의 원인은 유전적인 요인, 피지의 질적 이상, 위장장애, 비타민 A 부족 등이 있다. 비듬이 많아 가려운 증상을 호소하며 두피에 염증은 없고 두피가 건조해져 윤기가 없으며 모근이 가늘어지는 증상이다.

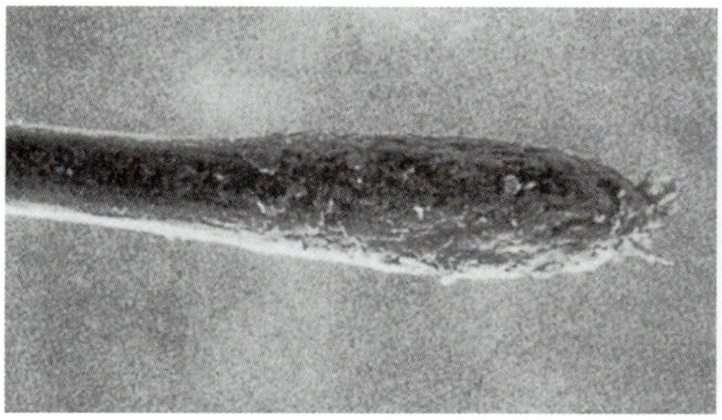

그림 4-9 건강모의 자연 탈모

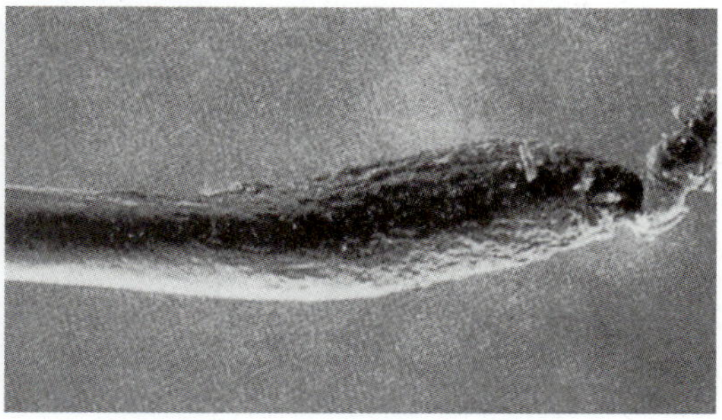

그림 4-10 장년성 탈모증

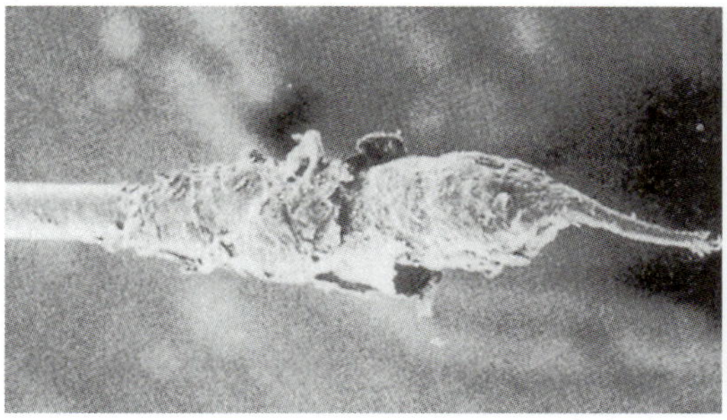

그림 4-11 지루성 탈모증

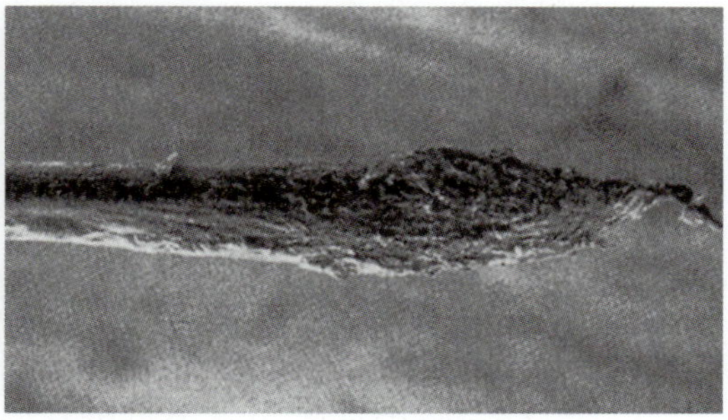

그림 4-12 비강성 탈모증

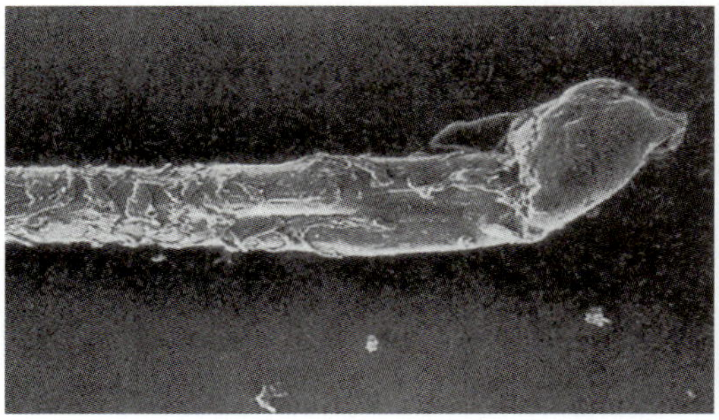

그림 4-13 비만성 탈모증

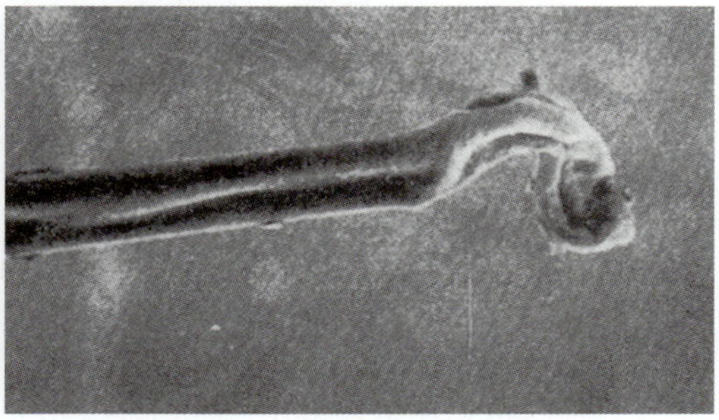

그림 4-14 원형 탈모증

5. 두피의 종류와 그 관리

1) 정상두피

적절한 지방막으로 싸여있으며 정상적인 각화작용이 이루어지고 있는 두피이다.

준비도구

빗, 브러시, 두피관리용 브러시, 두피 케어 제품, 타월, 적외선 램프, 두피 로션, 두피용 스티머, 샴푸 케이프

시술과정

① 어깨보를 두른 후 5분 정도 브러싱을 하고 샴푸한다.
② 두피용 스티머를 가한다. 이는 두피를 따뜻하게 함으로써 두피를 부드럽게 하고 혈액순환을 촉진시키기 위해서이다.
③ 두피에 적합한 트리트먼트 제품을 도포한다.
④ 5분 동안 적외선 램프를 쬐어준다.
⑤ 10~20분 동안 두피 마사지를 한다.
⑥ 샴푸한 후 타월 드라이하여 적당히 수분을 제거한다.
⑦ 두피로션을 도포한다.
⑧ 헤어스타일을 마무리한다.

2) 지성두피

피지분비가 과잉된 상태로서 만져보면 끈적거리고 상쾌한 기분을 느낄 수 없는 두피로서 각화작용이 원활하게 이루어지지 않는 상태이다.

준비도구

빗, 브러시, 전용샴푸제, 헤어 스티머, 자외선 램프, 적외선 램프, 샴푸 케이프, 저 자극성 헤어로션, 스팀타월 2장, 헤어토닉

시술과정

① 두피, 모발의 상태를 진단한다.

② 브러싱 및 샴푸를 한다.
③ 두피용 로션의 흡수를 돕기 위해 모발을 적당히 말린다.
④ 지성두피의 저 자극성 로션을 면봉으로 바른 후 스팀타월이나 스티머를 이용하여 흡수를 돕는다.
⑤ 타월 드라이한다.
⑥ 아이패드(eye pad)를 한 후 자외선 램프를 2~3분 쬐어준다.
⑦ 적외선 램프로 5분 정도 쬐어준다.
⑧ 마무리 스타일로 정리하되 빗이나 브러시로 두피를 자극하면 피지의 분비가 왕성해지므로 두피를 자극하지 않는다.

3) 건성두피

피지분비가 부족한 상태로서 건조한 느낌과 함께 약간의 가려움을 호소하는 두피로서 각화작용이 원활하게 이루어지지 않는 상태이다.

건성 두피 케어는 유분이 부족하여 두피가 건조할 때의 관리방법으로 잦은 샴푸와 두피를 고려하지 않은 자극이 강한 모발제품의 사용에 의해 흔히 생긴다.

준비도구

빗, 브러시, 면봉, 전용 샴푸제, 적외선 램프, 고주파 전류기, 헤어 스티머, 헤어 오일이나 식물성유, 헤어 컨디셔너, 샴푸 케이프, 어깨보

시술과정

① 두피 및 모발의 상태를 진단한다.
② 브러싱 한 후 전용삼푸제로 샴푸한다.
③ 헤어 스티머로 두피를 따뜻하게 한다.
④ 찬바람으로 드라이 한다.
⑤ 스캘프 크림 또는 컨디셔너를 도포하고 잘 스며들도록 스캘프 매니플레이션을 한다.
⑥ 5~6분 간 적외선 램프를 쬐어준다.
⑦ 고주파 전류기의 전류를 사용하여 5~6분간 피부에 자극을 가한다.
⑧ 헤어스타일을 마무리한다.

4) 비듬성 두피

건성 비듬 또는 지성 비듬이 생기는 두피를 위한 케어로서 병적인 요인이 있을 수 있으므로 미리 두피에 대한 정확한 진단이 내려진 상태에서 시술에 들어가도록 한다.

준비도구

비듬제거용 무자극성 로션, 면봉, 적외선 램프, 스팀타월 2-4장, 자외선 램프, 고주파 전류기, 헤어 스티머, 어깨보, 자외선 보호안대와 안경

시술과정

① 어깨보를 두른 후 5분 정도 브러싱한다.
② 두피상태에 따라 샴푸를 하고 충분히 건조시킨다.
③ 두피의 상태에 따라 제품을 선정한 뒤에 면봉을 이용하여 꼼꼼히 도포해 나간다.
④ 헤어 스티머를 가한 뒤 완전히 말린다.
⑤ 아이 패드(eye pad)를 한 후 자외선 램프를 2~6분간 쬐어준다.
⑥ 비듬 제거용 제품을 바른다.
⑦ 적외선 램프를 5분 정도 쬐어준다.
⑧ 간접적 고주파 전류를 이용하여 두피 마사지를 한다.
⑨ 항 비듬용 제품으로 샴푸한다.
⑩ 타월 드라이한다.
⑪ 고주파 전류를 3~5분 동안 시술한다.
⑫ 컨디셔너를 도포한다.
⑬ 헤어스타일을 마무리한다.

6. 두피의 마사지 테크닉

1) 기본적인 마사지 종류

(1) 경찰법

손바닥, 네 손가락, 엄지 등을 이용하여 가볍게 문지른다.

(2) 강찰법

피부를 누르면서 강하게 문지른다.

(3) 유날법

손바닥을 전체적으로 사용하고 약지와 검지를 이용하여 근육을 주물러서 풀어준다.

(4) 진동법

피부와 하부조직에 진동을 전달한다.

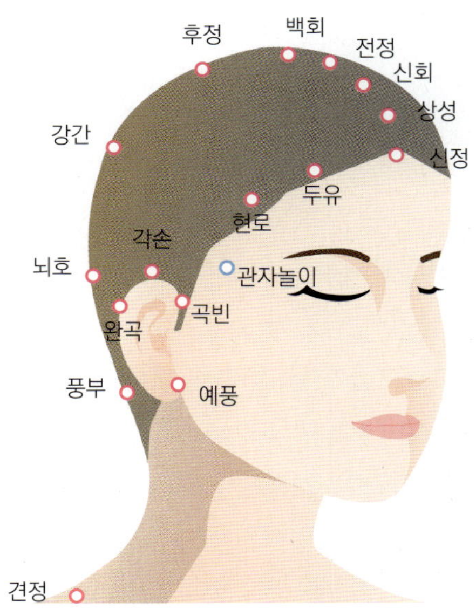

그림 4-15 **경혈**

(5) 고타법

① 탭핑(tapping) : 손바닥의 바닥부분을 이용하여 두드린다.
② 슬래핑(slapping) : 손바닥으로 두드린다.
③ 컵핑(cupping) : 손바닥으로 컵 상태를 만들어 구부려서 두드린다.
④ 해킹(hacking) : 벌린 손바닥의 새끼손가락 측면으로 가볍게 두드린다.
⑤ 비팅(beating) : 주먹으로 두드린다.

2) 마사지 테크닉

(1) 경찰법

경찰법은 손님의 기분을 가라앉혀 주는 듯한 느낌으로 행한다.

전두부에 양쪽 엄지손가락을 합쳐지도록 양손을 세우고, 엄지손가락을 제외한 네 손가락으로 가볍게 문지르듯이 양쪽 측두부까지 미끄러뜨리고, 중지로 관자놀이 부분을 가볍게 누르듯이 하여 손바닥을 편다.

이어서 두부 정상에 양손을 바꾸어 놓고 후두부로 미끄러뜨린다.

경부의 경혈을 중지로 누르고 손바닥을 위로 향하게 뒤집어서 조용히 중지를 떼어준다. 이를 5~6회 반복한다.

(2) 강찰법

오른쪽 손을 우측 귀의 상부에 가져가 손가락을 펴고 손가락 끝으로 누를 정도로 댄다(오른쪽 새끼손가락은 관자놀이, 왼손 엄지손가락은 경혈 '뇌호' 부분을 누른다). 그 상태로 강하게 두피를 누르고 다음에 갑자기 손에서 힘을 빼면 그 힘으로 두피를 강하게 문지를 수 있게 된다.

이 손의 기법을 머리정상에서 양손이 합쳐지는 곳까지 행하여 나간다. 그리고 머리카락이 엉키지 않도록 부드럽게 손가락을 뺀다. 손의 위치를 바꾼다. 오른손은 우측 귀의 뒤쪽 밑에, 왼손은 좌측 귀 위에 대고 같은 동작을 반복한다(오른손 엄지는 '뇌호'부분, 왼손 새끼손가락은 관자놀이를 누른다).

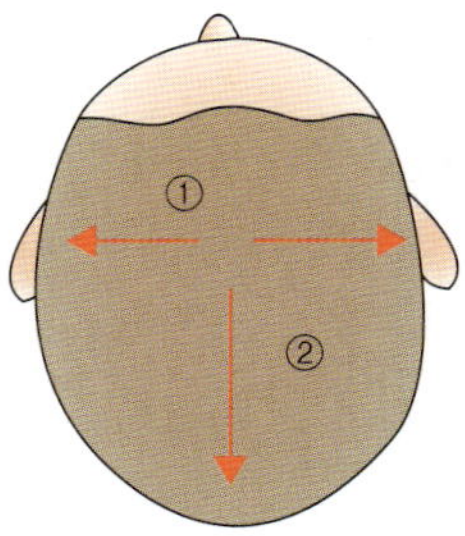

그림 4-16 **경찰법**

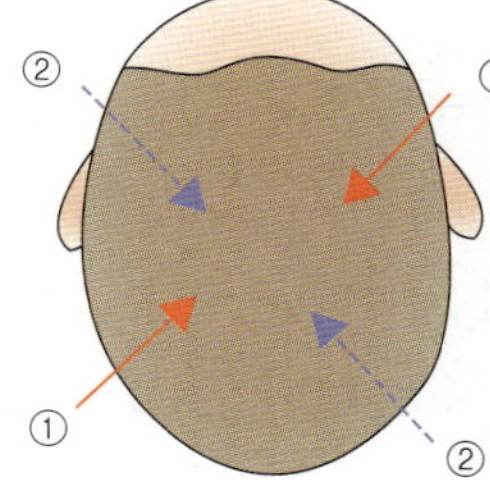

그림 4-17 **강찰법**

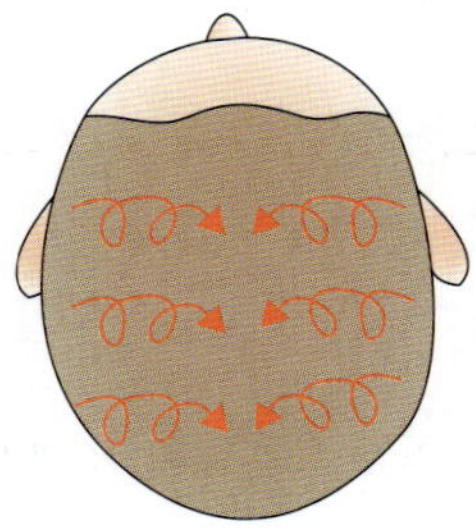

그림 4-18 **유날법**

(3) 유날법

양손바닥이 각각 귀가 덮이도록 놓는다. 양쪽 엄지손가락은 눈썹 위에, 양쪽 새끼손가락은 관자놀이에 오도록 한다. 손가락 끝 전체로 다섯 손가락이 제각기 원을 그리듯이 머리정상까지 비벼 나간다. 모발이 당기지 않도록 부드럽게 손가락을 두피에서 뺀다. 이것을 5~6회 되풀이한다.

다시 왼손을 전두부에, 오른손을 후두부에 대고 왼손은 그 상태의 위치에서 오른손 손가락의 끝으로 나선형을 그리듯이 머리정상으로 이동하여 가면서 주물러준다. 엄지손가락의 바닥 면에 가볍게 힘을 넣고 두부정상에서 오른쪽 귀의 앞부분까지 두피를 상하로 문지르듯이 조금씩 작게 진동시켜가며 주무른다. 같은 동작을 머리정상에서 오른쪽 뒷머리 부분, 왼쪽 뒷머리 부분까지 반복해서 행한다. 같은 방법으로 머리정상에서 왼쪽 귀 부분까지 주무른다(왼쪽 엄지손가락을 사용해도 좋다).

그림 4-19 **후두부 유날법**

(4) 진동법

오른쪽 손바닥을 우측 귀 위쪽 후방에, 왼손 손바닥을 좌측 귀 위쪽 전방에 대고 양쪽 손바닥으로 진동시키면서 압박하고, 그 상태로 서서히 손가락이 붙은 곳에서부터 차례로 손가락 끝까지 손을 돌리듯이 머리정상으로 붙여간다. 머리정상까지 오면 손가락의 등을 세워서 조용히 뺀다. 이것을 5~6회 반복한다.

이어서 손의 자세를 반대로 바꾸고, 같은 모양의 손동작을 행한다. 오른손 손바닥은 우측 귀 위쪽 전방에, 왼손 손바닥은 좌측 귀 위쪽 후방에 대고 마사지 방법을 반복한다.

(5) 고타법

양 손바닥 새끼손가락의 측면을 이용해서 좌우교차로 두드린다. 앞머리 중앙에서 뒷머리까지 내려가고, 또 앞머리까지 되돌아온다. 다음에 우측머리, 좌측 머리를 지그재그로 옮겨가면서 앞머리에서 뒷머리까지 두드린다. 머리정상으로 되돌아와서 둥글게 두드리고 끝낸다.

양손바닥을 짝지어서 손등으로 두드린다. 탁탁 소리가 울리지 않게 하는 것이 중요하다. 양손바닥을 합장하듯이 모으고 새끼손가락 측면으로 두드린다.

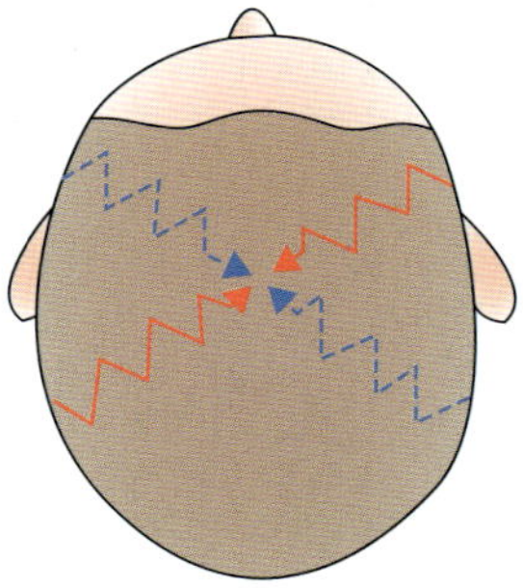

그림 4-20 진동법

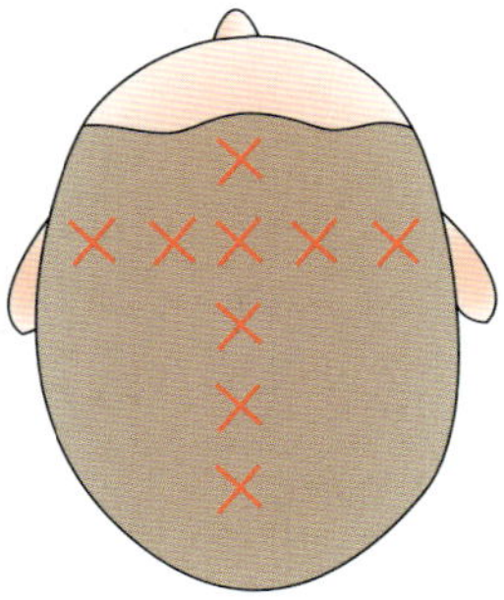

그림 4-21 고타법

7. 두피마사지 시술

(1) 고객의 모발을 브러시 → 샴푸 → 타월 드라이 순서로 시술한 다음 4등분으로 섹션을 나눈다.

(2) 4등분된 섹션의 중심부에서부터 시작하여 두피에 컨디셔너를 도포한다.

(3) 왼손은 턱을 감싸고 오른손은 목 뒷부분을 받치면서 서서히 회전시키는 데 양손의 위치를 바꿔가면서 반복해서 실시한다.

(4) 양 측두부에 손가락으로 밀착시켜 위쪽을 향해 미끄러지듯이 올라간다. 이때 양 손가락 끝이 탑 부분에서 만날 수 있도록 손가락 사이를 벌려주어야 한다.

(5) 손가락 끝을 두피에 밀착시켜 원을 그리듯이 두피를 움직여주면서 미끄러지듯이 스쳐 올라간다.

(6) 왼손으로 후두부를 받치고 오른손의 각 손가락을 이마에서 헤어라인 쪽을 향해 오른손을 천천히 밀어 올린다.

(7) 양손의 손바닥을 두피에 밀착시켜 회전시킴으로서 두피를 마사지한다. 먼저 양쪽 귀 뒷부분을 실시한 다음 후두부와 전두부를 한다.

(8) 양손의 손가락을 이마에 위치시키고 헤어라인의 둘레를 뒤로 당기듯이 나선형을 만들어서 시술한다.

(9) 손의 위치를 조금씩 뒤로 이동시키면서 (8)과 동일한 동작을 반복 실시함으로서 전두부 두피전체를 마사지한다.

(10) 두부의 양 측면에 양손가락을 위치시키고 귀밑에서부터 크라운 쪽을 향해 엄지손가락으로 마사지한다. 이 때 엄지손가락의 동작은 후두부의 중심을 향해 이루어지도록 한다.

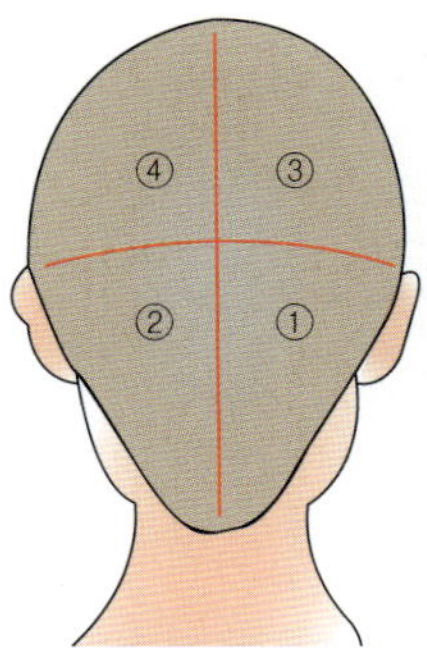

그림 4-22 **두피에 트리트먼트제를 바르는 방법**

8. 두피 체크 과정

1. 두피에 공간이 없이 기름지다.

두피가 딱딱해져 있는 것은 두피의 혈액순환 둔화이며, 피지분비가 많아 모발의 고착력이 약해지고 곧 탈모의 원인이 된다.

2. 비듬, 가려움증이 많다.

비듬은 모공을 막고, 모발의 육모를 저해하여 탈모의 원인이 된다.

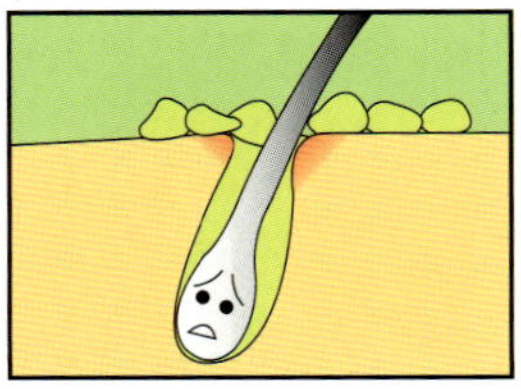

3. 저질의 머리카락이 나온다.

두피에 공간이 없어지면 두피가 얇아져 모근이 압박되고 휘어지기 때문에 저질의 머리카락이 나온다.

4. 빠진 머리털에 1~3cm 가량의 배냇머리가 섞여있다.

모발생성 사이클이 끝나서 빠진 것이 아니고, 모근의 건강상태가 나빠져서 빠지는 것이므로 배냇머리 같은 모발이 빠지는 것은 특별한 주의가 필요하다.

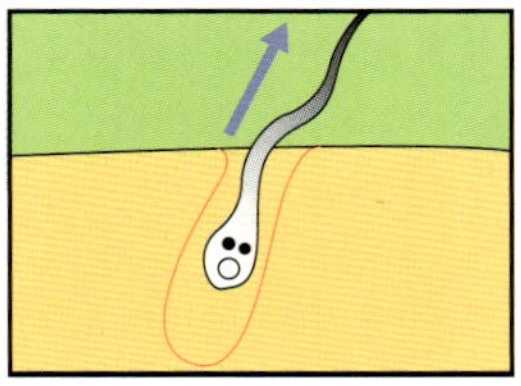

5. 머리카락에 광택이 없고 모발이 약해졌다.

두피의 혈액순환이 나빠지면 모발을 만드는 영양분이 충분히 모근에 운반되지 않게 된다. 그 후로 질이 나쁜 머리카락이 만들어져 약해지고 윤기가 없어 손상되기 쉽다.

9. 두피·모발관리 과정

1. 상담(Consulting)

컨설턴트와 상담 단계로서 탈모의 원인과 두피의 타입 및 관리방법을 제시한다.

2. 진단(Diagnosis)

첨단 시스템을 통한 보다 정확한 진단과 두피상태를 측정하여 그 결과를 종합해 고객의 트리트먼트 프로그램이 결정된다. 두피의 상태는 정상적인 두피, 건성두피, 지성두피, 비듬성 두피, 예민성 두피 등 5 가지로 분류된다.

3. 세정(Scaling)

문제성 두피의 경우에는 먼저 혈액순환 및 모모세포의 분열이 잘 이루어지도록 깨끗한 상태로 만들어주어야 하며 충분한 수분공급을 위해 스팀 후 Deep 크린싱제로 먼지와 비듬, 모공을 막고 있는 노폐물과 각질을 스켈링해준다.

4. 영양공급(Nutrition Supply)

두피에 물리적 자극을 주어 두피 및 모발의 생리기능을 건강하게 유지시켜주는 단계로서 육모제나 앰플을 투여해 모모세포의 세포분열을 촉진할 수 있도록 영양공급을 해준다.

5. 특수관리 프로그램(Special Care)

두피의 개선을 위해 마련된 8가지 특수 프로그램을 통해 지각신경을 자극시켜 혈액순환이 잘되도록 도와주며 근육과 분비선의 기능을 왕성하게 함으로써 두피에 탄력을 주고 탄성섬유의 퇴화를 방지시켜준다.

이 단계는 두피의 재생 시스템이다.

Shampoo & Treatment

부 록
HAIR CARE

현재 헤어케어에 대한 대중의 관심이 고조되면서 각 제품 회사들은 보다 고기능성 헤어전문제품들을 직접 개발 또는 수입하여 선보이고 있다.

시판중인 제품 중에는 일반인들에게 잘 알려져 있지 않은 것도 많아 이번 기회에 여러 제품들을 소개한다.

Scalp & Hair Care 브랜드 소개

1. 케라스타즈(Kerastase)

로레알의 독창적인 고급 브랜드인 케라스타즈는 국내의 대형 브렌치 및 살롱에 입점되어 고객들의 인지도가 비교적 높다. 모발과 두피의 유형별 맞춤케어로 종류가 세분화 되어있다. 특히, 모발의 영양을 공급해주는 뉴트리티브(nutritive)와 레지스턴스(resistance)은 살롱 뿐 아니라 홈케어로 애용받는 제품이며 엘릭서 얼팀(elixir ultime)의 오일 에센스는 마무리용으로 향과 기능이 탁월하다.

✔ 뉴트리티브(nutritive) 큐티클 케어 라인

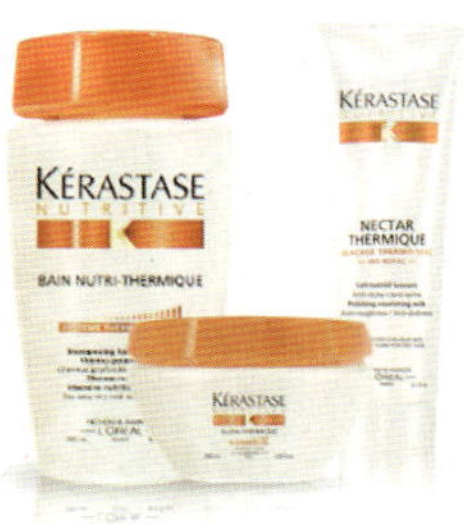

뉴트리티브 테르미크
(에멀전 타입 모표피전용)

뉴트리티브 방 올레오
릴렉스 샴푸
(곱슬머리 및 큐티클케어)

뉴트리티브 올레오
릴렉스 케어
(가는 곱슬 모발용 에센스)

✔ 레지스탄스(resistance) 모피질 케어 라인

방 대 포스
(가늘고 극손상된 모발을 위한 탄력강화)

시몽 앙티 – 유저 컨디셔너
(모발 내부 손상)

시몽 테르미크 에센스
(드라이 전용 열 활성화)

✔ 케라스타즈 웨이브 & 컬러 라인

방 올레오 컬
(컬변형방지 및 탄력부여)

방 크로마 리쉬 샴푸
(자외선차단과 염색소 유출방지)

방 크로마 리쉬 마스크
(염색 손상용 리플렉션)

✔ 두피 & 탈모라인

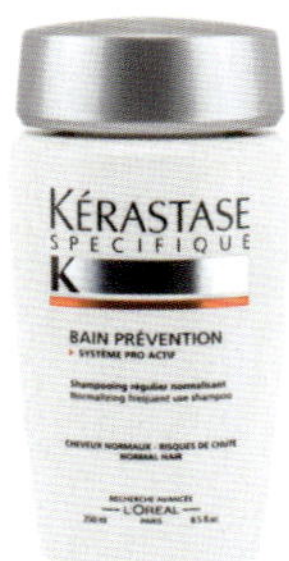

스페시픽 방 프리벤션 샴푸
(탈모방지 및 모근강화)

스페시픽 스티뮬리스트 스프레이
(건성두피 및 모근강화)

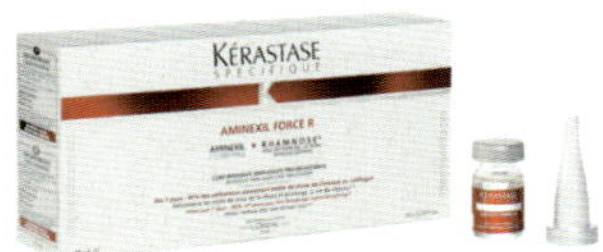

스페시픽 더모 캄
(두피진정 세럼)

스페시픽 퓨리팡트
(비듬전용)

스페시픽 바인 디발랑뜨
(지성두피전용)

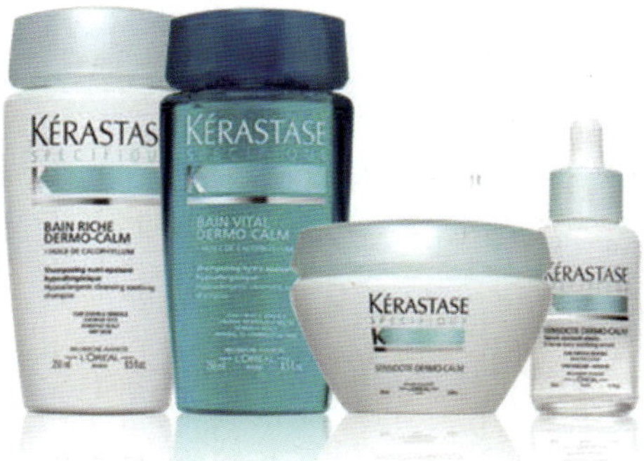

바인 리치 더모 캄
(민감성두피전용)

✔ 나이트 헤어 크림

녹토제니스트 헤어세럼
(아미노산 및 비타민E 함유)

2. DAMO

㈜다모생활건강은 1992년부터 현재까지 약 20년간 두피 및 탈모를 전문적으로 연구한 회사이며 다모의 제품성분은 동양의 한약재를 바탕으로 두피관리케어시스템과 탈모예방라인을 구축한 국내 고급 두피케어제품을 생산하고 있다. 제품라인은 브랜드, 두피제품과 화장품의 3그룹으로 구성되어 있고 특히 두피제품은 홈케어와 샵케어로 나뉘어져 있다.

다모 샴푸 & 토닉

다모 클리닉 샴푸
(과산화지질제거 및 항산화작용)

다모 스캘프 샴푸
(비듬, 지루성 피부염)

다모 스페셜 토닉
(탈모예방 및 모모세포성장강화)

다모 홈케어라인

트러블 케어 토닉
(비듬, 염증케어)

트러블 케어 에센스
(Night 전용 비듬, 염증케어)

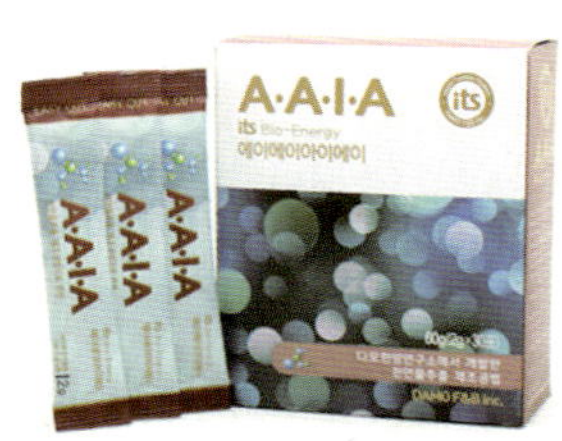

A.A.I.A
(에이에이아이에이,
원형탈모 및 감염성탈모케어)

3. 피토(PYTO)

피토는 프랑스 파리의 저명한 헤어스타일리스트인 패트릭 알렉스가 창시한 친환경 헤어제품으로 순수 식물성분을 사용하고 PYTOSOIBA 연구팀의 특별한 추출방식으로 40여 가지 이상의 식물추출액과 에센셜오일을 함유하여 제작하고 있다. 피토의 제품은 트리트먼트, 뷰티 에센셜, 데일리 에센셜과 컬러링의 4가지로 분류된다.

✔ 피토베이직라인(샴푸&컨디셔너)

피토 케라틴 샴푸
(모발강화 및 모발보호)

피토 볼륨 샴푸
(모발강화 및 코팅제)

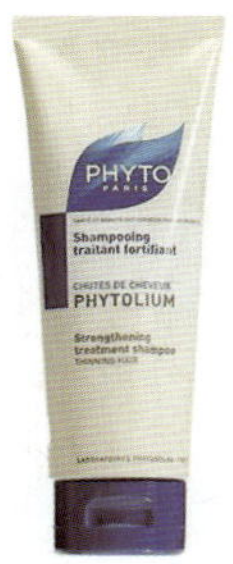

피토리움 트리트먼트 샴푸
(두피강화 및 만성탈모용)

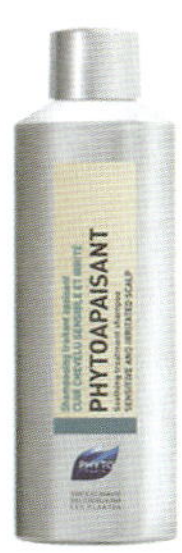

피토 아페종 트리트먼트 샴푸
(항염 및 두피강화)

피토 봄 리페어 컨디셔너
(윤기부여 및 손상회복)

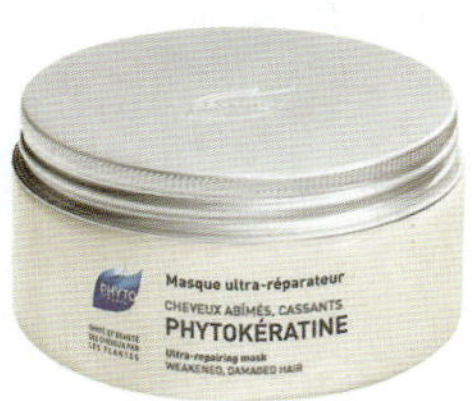

피토 케라틴 마스크
(손상모발용 딥 리페어)

✔ 샴푸 전/후 트리트먼트 오일&세럼

썹틸 엘렉시어 샤인 오일
(건성모발을 위한 유연 광택제)

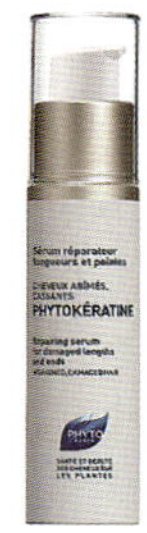

피토케라틴 세럼
(피막형성 및 큐티클층 복원)

피토리스 세럼
(프로비타민 B5 광택 및 코팅제)

피토 데프리쌍트
(드라이 전 열활성화 에센스)

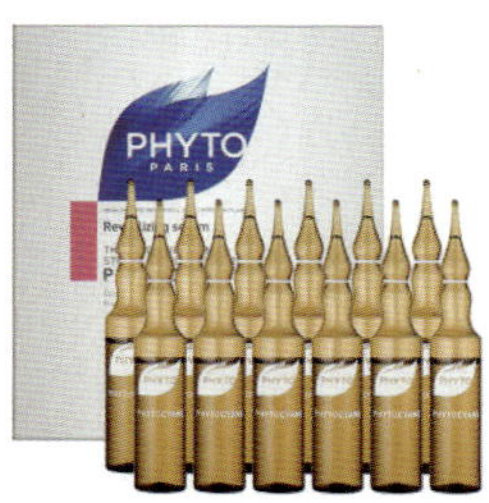

피토시안 트리트먼트 세럼
(모근강화 및 양모효과)

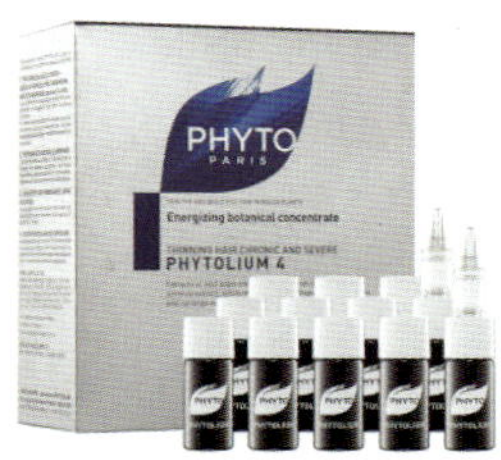

피토리움4 트리트먼트 세럼
(만성탈모를 위한 모낭세포활성제)

✔ 마무리용 후처리 라인(스프레이&미스트)

피토 아페죵
수딩 스프레이
(민감성두피를 위한
항염 및 두피강화)

피토 미스트
(염색모발을 위한
광채개선 보호미스트)

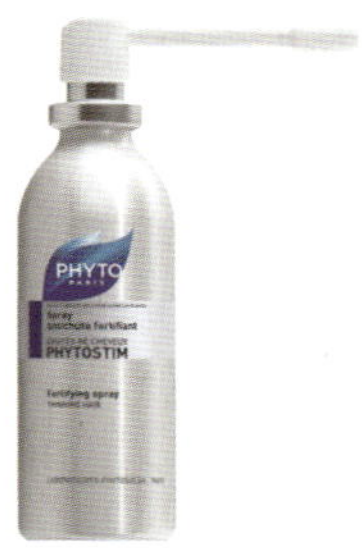

피토스팀 스프레이
(탈모예방 및
세포성장촉진)

볼륨아이징 스프레이
(볼륨을 위한
열활성화 스프레이)

피토 케라틴 스프레이
(엉킴 방지 및
수분공급용)

4. 아모스 프로페셔널

아모레 퍼시픽의 자회사이며 국내제품인 아모스의 케어라인은 펌제와 컬러를 제외하고 베이직, 스캘프, 헤어, 스타일링의 4가지 제품군으로 나누어진다. 특히 기초라인에서는 펌 & 컬러 솔루션과 딥 클렌징이 있고 스캘프 케어는 탈모, 비듬, 민감성, 스페셜로 구성되어 있다.

✔ 샴푸

퍼밍 업 포스 샴푸
(펌시술효과유지)

컬러 포스
프로텍티브 샴푸
(컬러퇴색방지)

리페어 포스 샴푸
(수분손실 방지)

아이스 민트 샴푸
(두피열다운)

센시릴리프 샴푸
(민감두피진정)

퓨어 스마트 샴푸
(항균 및 비듬균제거)

컬러 & 펌 솔루션
(활성산소제거)

딥 밸런싱 샴푸
(밀단백질 보습강화)

녹차실감 샴푸
(지성, 중건성,민감성 두피)

✔ 컨디셔너 및 마스크

리페어 포스 컨디셔너
(수분손실방지)

딥 클렌징 밸런싱
컨디셔너
(밀단백질함유)

컬러&펌 솔류션
(펌시술후 사용)

아쿠아 밸런싱 마스크
(유수분 및 지질형성)

뉴트리 인핸서 C2
(케라틴 및 콜라겐 부여)

퍼밍업 포스 마스크
(웨이브 지속효과)

리브 인 트리트먼트
(선명한 칼라)

키토 트리트먼트
(단백질 및 지질보충)

리페어 포스
프로텍티브 실러 C3
(모발코팅효과)

퓨어 스마트 팩
(항비듬 및
두피냄새제거)

✔ 기능성 제품

루트 볼륨아이져
(뿌리 볼륨지속)

볼륨 프라이머
(열활성 보호 및
볼륨과 탄력)

샤인 폴리셔
(윤기 및 광택부여)

컬러 포스 프로텍티브 버블 슈
(ph 밸런스조절)

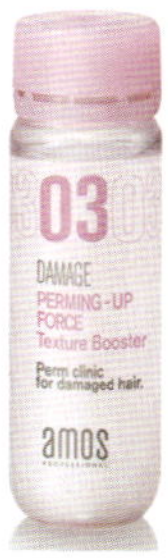

텍스춰 부스터
(펌시술 가능한 환경조성)

리페어 포스 히트 업 솔루션
(열활성 영양강화)

리페어 포스 픽스업 부스터C1
(모발손상탄력강화)

퓨어 스마트 데오 쿨 미스트
(항비듬 및 소취효과)

녹차실감 G앰플
(모근강화)

녹차실감 액티베이팅 부스터
(딥 클렌징효과)

에센스

컬링 에센스
(보습 및 셋팅력 동시 부여)

테라피 에센셜 오일
(6가지 오일 콤플렉스)

퓨어 스마트 필링
(두피 각질제거)

모이스춰 밸런싱 로션
(유수분 밸런스 조절)

슬릭 에센스
(광택부여)

소프트닝 컨디셔너
(실크단백질 함유 및 엉킴방지)

✔ 스타일링제

헤어 젤
(윤기 및 고정력)

플루이드
(컬 보습력 유지)

글레이즈
(웨이브 고정)

컬링 부스트 폼
(풍성한 볼륨)

롱래스팅 볼륨왁스
(탄력과 윤기부여)

디자이닝 스프레이
(자연스런 셋팅력)

Scalp & Hair Care 기자재 소개

1. 뷰티 스코프(Beauty Scope) EX-500

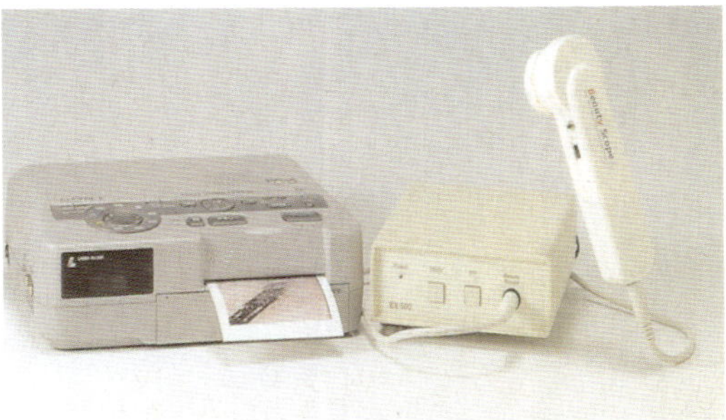

40배, 200배 렌즈를 간단히 교환할 수 있으며 두피상태를 200배 배율의 렌즈로 확대시켜 선명한 화면으로 볼 수 있다. 두피상태와 문제부위를 자세하게 측정하여 두피타입과 피지나 각질정도, 모공의 상태 등을 알 수 있으며 고객이 직접 본인의 두피상태를 모니터를 통해 확인함으로써 관리의 필요성을 느낄 수 있도록 도와줍니다. 또한 스틸화면(정지화면) 처리로 자세한 분석과 함께 2분할, 4분할되어 부위별 비교분석이 용이하다.

뷰티 스코프에 의한 진단

1. 탈모 진행형 두피

모발밀도가 적은 상태

두피청결을 유지하고 육모제 등을 도포하여 마사지하도록 권해준다.

2. 지성두피

두피의 피지가 과도하게 분비되는 상태 매일 샴푸하여 두피를 청결히 하고 또한 두피전용클린싱의 사용을 권한다.

기름진 음식을 피하는 식생활 밸런스에 신경 쓰도록 지도한다.

3. 건성 및 비듬성 두피

두피가 과도하게 건조하거나 비듬이 많이 보이는 상태·저자극의 비교적 순한 샴푸와 두피전용 트리트먼트를 사용하는 것이 좋다. 또한 과도한 다이어트가 주원인이 될 수도 있다.

4. 예민성 두피

부분적으로 머리가 가늘어지며 머리가 많이 빠진다고 느끼는 상태. 샴푸시 모발과 두피모공을 잘 세정하여 발모를 방해하는 원인을 제거한다. 또한 스트레스나 식생활 밸런스, 수면에 신경 쓰도록 한다.

✔ 2. 소프트 바이오 빔

효과

① 모발의 생산 능력 강화
② 혈액순환을 촉진한다.
③ 항체와 콜라겐 섬유를 증가시킨다.
④ DNA, RNA와 단백질 합성을 촉진하여 모발을 증대시킨다.
⑤ 미세혈관의 순화촉진
⑥ 손상된 세포의 재생
⑦ 앰플류와 병행할 때 제품의 흡수를 촉진한다.

3. Scalpunch

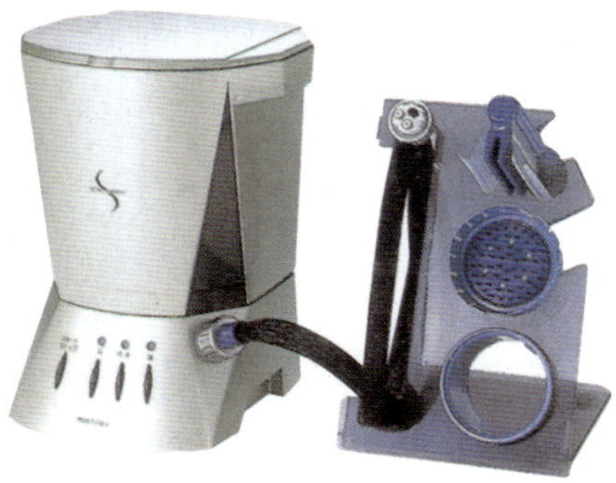

Scalpunch는 건강하지 못한 두피 환경을 개선하기 위한 업소용 두피세정기이다. 안전하고 확실한 맥동류수 발생장치로 1분당 1800회의 파동을 주어 두피나 모공의 누적된 노폐물을 효과적으로 제거하여 두피를 청결하고 건강한 상태로 만들어준다. 또한 모공을 완전히 열어주어 모근의 호흡작용을 돕고 영양물질이 흡수될 수 있도록 준비하며 그 위에 1초동안 약 30회 맥동하는 제트수류의 기분좋은 자극이 상쾌감과 릴렉스 효과를 생성한다.

효과

① 샴푸로는 떨어지지 않는 두피의 각질과 노폐물을 간단히 제거
② 기분좋은 두피자극에 따른 마사지 느낌과 상쾌함
③ 가려움이나 염증의 원인이 되는 잔류샴푸를 제거
④ 피부염이나 염증의 원인이 되는 파마제품, 염색제품의 잔여물 제거
⑤ 모공을 열어 영양물질 흡수촉진

4. 확대경

두피의 각질이나 비듬상태, 염증 등 전체적인 두피와 모발의 상태를 육안으로 확인하는 기기. 20배로 확대되어 보여지며 고객의 두피 측정 시 육안으로 식별하기 어려운 부분을 볼 때 사용한다. 모발의 섹션을 떠서 각질이나 비듬 및 전체적인 모발밀도를 관찰한다.

✔ 5. 적외선 램프

적외선은 광선과 온열의 작용으로 나타난다. 붉은색 광선은 세포를 자극하여 활동을 촉진하고 두피의 대사를 활성화시킨다. 또한 적외선 온열이 두피 깊이 침투하여 혈행을 증진시켜, 두피를 통해 모유두로부터 빠른 영양공급과 산소를 공급받도록 작용한다.

- 신체조직의 열 전달

조직에 적외선이 흡수되어 표피조직과 내부조직이 직접적으로 가열된다.

- 신진대사율의 증가

표피조직에 열을 가하면 신진대사가 증가하며, 더 많은 산소와 영양분이 공급된다. 따라서 불순물과 신진대사물 등이 배출된다.

- 혈관팽창으로 인한 혈액순환의 증가

열의 발생은 발생된 열을 식히기 위한 혈액유입의 증가와 동맥의 확장으로 직접적인 혈행증가의 효과를 유발한다.

✔ 6. 두피맛사지기

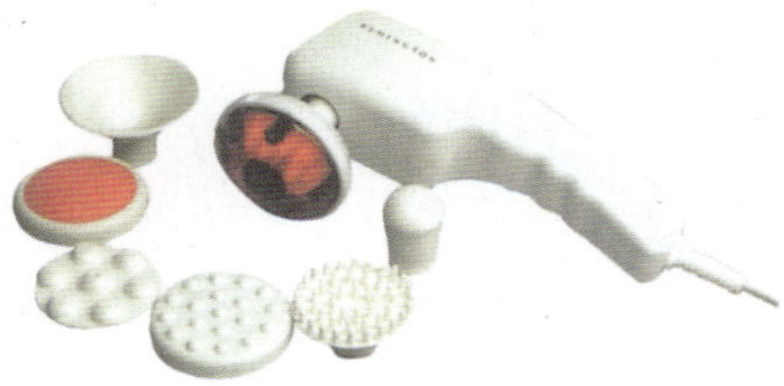

두피맛사지는 고타진동기로서 손으로 잡고 사용하며 가볍고 사용과 휴대가 간편하다. 이것은 손맛사지의 고타법의 효과와 비슷하며 적외선과 동시에 사용이 가능하다. 헤드는 스폰지나 스파이크 같은 것을 끼워 사용할 수 있도록 되어있고, 강도조절로 탭의 증감을 조절해서 피부조직에 맞게 조심스럽게 관리할 수 있도록 되어 있다. 초당 진동수는 전류량과 관계가 있는데 각 탭은 매 싸이클마다 50Hz의 주파수로 초당 100번의 탭이 생긴다. 관리 시간은 고객의 상태에 따라 1~15분에서 배정한다. 두피맛사지는 피부를 자극하여 혈액순환과 기초대사량의 증가로 두피의 상태를 개선한다. 또한 조직의 온열효과로 피지선을 자극하여 피지생성을 도와 두피를 윤택하게 한다.

7. 헤어스티머

따뜻한 스팀공급을 통해 모발과 두피에 수분을 공급하고, 두피의 오래된 각질을 쉽게 제거할 수 있도록 연화시키며 모공을 열어 Deep클린싱 용액이 제대로 작용할 수 있도록 준비시키는 작용을 한다. 건성두피는 10분 정도, 비듬성두피는 10~15분 정도, 예민성 두피는 7~10분 정도 사용한다.

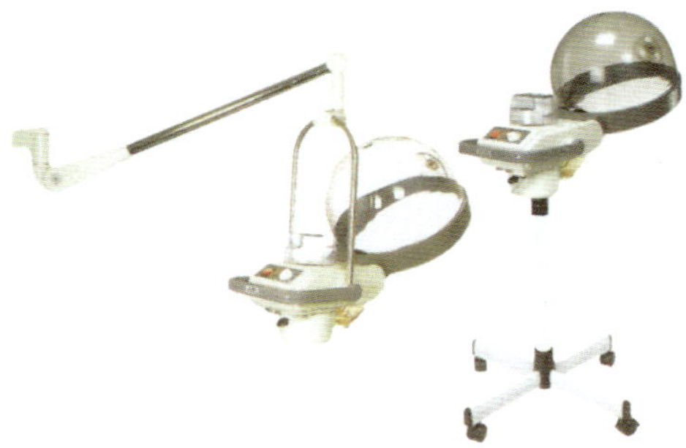

8. 뷰티콤

뷰티콤은 고주파 교류전류(초당 100,000 사이클 이상의 교류전류)를 사용한다. 고주파 전류는 피부를 통과하여 열 효과를 낸다. 테슬러 전류라는 자광선으로 근육의 수축 없이 온열 또는 고열을 발생시킨다. 이 전류기는 유리 전극을 통과할 때 미세한 자색섬광을 발생시켜 살균, 소독, 진정효과가 나타난다. 또한 두피의 미세순환 개선, 모세혈관 자극, 비듬제거, 두피의 세포조직 강화에 효과가 있다.

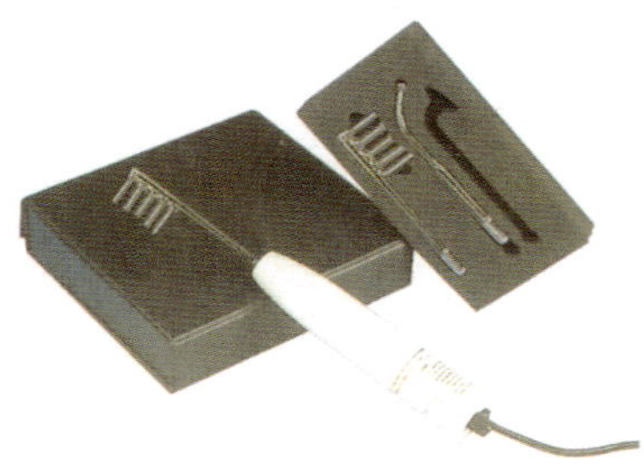

9. SUNRAY

근적외선과 약간의 자외선, 가시광선을 포함한 광선을 조사함으로써 세포재생에 빠른 효과를 준다.

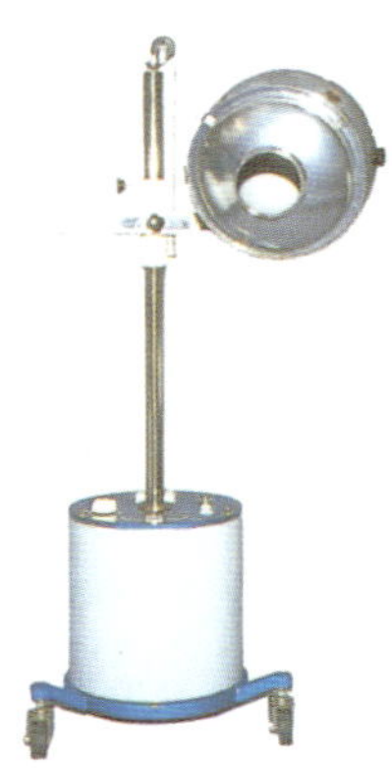

- 근적외선

온열효과로 인한 순환촉진

- 가시광선

생물체는 그 색과 같은 파장의 광선을 반사한다. 즉 가시광선에 함유되어 있는 빛 중에 자기의 생존에 필요한 것만 흡수하여 에너지화 한다. 따라서 저하된 기능회복에 효과적이며, 세포의 재생과 대사증진에 빠른 결과가 나타난다.

- 자외선

짧은 파장의 자외선과 공기 중의 산소가 결합하여 오존이 발생되며 특히 자외선은 냉선이므로 온열작용이 없는 피부에 잘 흡수된다. 또한 강한 광화학적 작용으로 살균효과 뿐만 아니라 세포의 재생효과와 산소공급효과까지 제공한다.

✔ 10. WT 앰플류

① 두피와 모발의 손상을 위한 앰플

• 효과

탈모, 탈모완화, 원형탈모, 가늘고 성긴 모발 및 파마 후의 탄력회복 지속효과, 비듬관리에 좋으며 소프트 바이오 빔과 함께 사용함으로써 최대의 효과를 얻을 수 있다.

• 사용법

파마처리 후 미온수와 1:1로 희석하여 사용하며, 비듬의 경우 소프트 바이오 빔과 함께 사용한다. 샴푸 후 스포이드를 사용하여 두피에 꼼꼼히 바른 후 약간의 홍조와 따뜻한 느낌이 들 때 마사지를 한다(5~10분간 붉은 기가 보일 때까지 열 손가락을 두피에 밀착시켜 원을 그리듯이 운동한다).

• 주요성분

멸균동물의 태반 추출물(피부조직의 신진대사 증가, 혈액순환, 모낭의 영양공급, 피지조절기능), 섬유질, 비타민 유도체

② 모발의 강화를 위한 앰플

• 효과

시멘팅 효과(Cementing Effect-모발 속으로 스며들어 모발 속을 채워 모발의 구멍안쪽부터 재건함)로 모발에 가해진 화학적 처리에 대한 보호 및 문제를 해결한다. 염색, 파마, 탈색으로 인한 손상된 모발, 갈라지는 모발의 색상유지 및 회복, 광택과 탄력효과가 있다.

• 사용법

샴푸 후 간단히 타월로 드라이한 후 스포이드를 사용하여 모발전체에 바른 후 빗으로 골고루 분해해서 사용하며 헹구지 않는다. 단 알칼리성 손질 전 사용은 불가하며 알칼리성 손질 후 바로 사용이 가능하다. 파마가 풀어진 경우 예전의 상태로 되돌아갈 만큼 효과적이며 로션타입에 비해 사용감이 가볍다.

• 주요성분

프로틴 섬유질, 폴리실로산 실리콘, 이미다조리디닐 요소, 생리적 물질

③ 모발의 보호를 위한 앰플

• 효과

모발의 붕대효과로 기름기가 흐르는 모발의 개선에 효과적이며 갈라지는 모발, 산성퍼머 후의 방수가공 및 습기나 자외선에 손상된 모발을 보호한다. 또한 가는 모발을 굵게 만들어 풍성하게 보이게 한다.

• 사용법

샴푸 후 타월 드라이를 한 다음 모발에 직접 또는 빗을 이용하여 발라준다.

• 주요성분

유리딘, 시티딘, 이노신, 아로마(쥬니퍼, 자스민, 로즈, 시트론)

④ 민감성 모발 보호 앰플

모발을 즉시 건강하게 만든다. 눈에 띄는 광택과 볼륨을 주는데 효과적이다. 꿀, 콩, 쌀, 밀 등의 생물적 원소의 정화와 단백질성의 엑기스들이 모발 속 깊이 침투하여 모발에 안정과 탄력, 광택을 주며 고품질의 보호물질을 만들어 모발을 건강하게 보호해준다.

- 태양과 소금물에 손상받은 모발
- 인공의 모발색상을 오래 유지하고 싶을때
- 염색모발의 탁월한 광택을 얻기 위해

⑤ 지성두피를 위한 앰플

두피를 건강하게 한다.

탈모와 비듬을 효과적으로 치료한다.

스프링 플라워 로션은 혈액공급을 통하여 모발의 성장을 강하게 촉진할 수 있는 아미노산을 비롯한 비타민 등의 성분으로 모근에 직접적인 영양을 주어 진행되는 탈모를 멈추게 한다.

- 탈모 및 원형탈모
- 예민하고 가는 모발
- 구조가 약한 모발
- 비듬이 있고 지성인 두피

⑥ pH5.5 스프링 플라워 샴푸

부드럽게 하고, 진정시키며 보호한다.

어떠한 모발구조에도 안정적이다.

매일 사용해도 유용하다.

두피보호·안정물질인 고품질의 Azulen 엑기스가 Spring Hair Shampoo 속에서 충분히 가공되어 샴푸할 때 모발의 회복을 느낄 수 있고 건조 후에는 더 많은 광택을 느낄 수 있다.

- 건조한 모발, 다공성모발
- 손상되기 쉬운 두피와 퍼머에 권장

미용용어

*** 가용화(solubilization)**

용매에 잘 녹지 않는 물질이 계면활성제의 미셀(micelle) 속에 용해됨으로써 용매에 녹은 것 같이 되는 현상

*** 겔(gel)**

콜로이드 입자가 이어지거나 고분자쇄가 연결되어서 그물구조를 만들어 운동성을 잃은 상태, 또는 그 상태를 나타내는 물질

*** 계면활성(surface activity)**

계면에 흡착이 일어나서 계면장력을 저하시키는 등 계면의 성질을 두드러지게 변화시키는 성질

*** 계면활성제(surface active agent)**

분자 중에 적당한 친수기와 친유기를 가지며 액체에 녹아서 저농도로 계면활성을 나타내는 물질

*** 건성피부(dry skin)**

피부에 수분이 부족하여 세안 후 피부 당김이 심하고 특히 겨울철이나 환절기에는 볼 주위가 메마르고 트기도 하는 피부. 피부색은 대체로 밝은 편이며 햇빛에 피부가 잘 타고 금방 벗겨지거나 피부가 따갑고 간지러움을 잘 느낀다. 수분이 많이 함유된 보습 제품과 오일 베이스의 리치한 제품을 사용하는 것이 좋다.

*** 글리세린(glycerin)**

피부를 촉촉하게 유지시켜 주는 보습 성분으로 로션이나 크림 등의 기초 제품과 메이크업 제품, 혹은 비누 등에 널리 사용된다.

*** 노화피부(old skin)**

피부가 약하고 잡티가 많을 뿐 아니라 피부에 탄력이 없는 노화된 피부. 눈, 이마, 입술 부위의 주름이 깊어질 뿐 아니라 모공이 커지고 볼이나 코 등에 노화되어 파열되거나 끊어진 모세혈관이 붉게 드러나기도 한다. 또한 쉽게 얼굴이 붉어지거나 햇빛에 잘 타며 피

부 건조가 심해진다. 리치하고 풍부한 질감의 제품과 노화방지 기능성 제품을 이용하여 집중적인 피부관리를 해주는 것이 필요하다.

*** 논스트립핑 샴푸제(nonstripping shampoo)**

영구적 염색 또는 탈색한 두발에 사용하면 컬러가 제거되지 않으면서 깨끗하게 씻겨주는 샴푸

*** 누드 메이크업(nude make-up)**

화이트나 베이지, 파스텔톤의 핑크 등 가볍고 라이트한 컬러를 이용하여 한듯 안한 듯 아주 내추럴한 메이크업으로 연출하는 것. 특히 봄이나 여름철의 메이크업으로 많이 이용된다.

*** 니아신(niacin, nicotinic acid)**

육류와 곡물에 풍부하게 함유되어 있는 비타민으로 피부 톤과 혈색을 건강하고 빛나게 보이도록 만들어준다. 니코틴산이라고도 부른다.

*** 다크서클(dark circle)**

색소와 혈액, 혈장 성분의 증가, 그리고 혈관 확장 등에 의해 눈밑이 거무칙칙하고 탄력이 없어지는 현상. 눈 아래 라인을 따라 검은 띠가 생긴 것처럼 보이므로 다크서클이라 한다. 또한 눈 주위가 자주 붓는 것 역시 피부 조직을 검게 변화시키며, 장시간의 햇빛 노출도 혈관 확장을 유발시켜 다크서클의 생성을 촉진한다.

다크서클은 특히 눈 주위 피부의 노화의 징후이기 때문에 다크서클을 예방, 완화해 주는 아이 케어 제품을 통해 꾸준히 손질해 주고 마사지를 규칙적으로 실시해 주며 잠자리에 들기 전에는 과다한 수분 섭취를 피하는 것이 좋다.

*** 댄드러프(dandruff)**

비듬

*** 드라이 샴푸(dry shampoo)**

물을 사용하지 않고 행하는 샴푸

*** 라놀린(lanolin)**

양의 기름에서 추출되는 기름. 인간의 피지와 가장 가까운 유성분이며 모발 내부의 수분증발을 방지하는 효과가 있다.

* 레이디언스(radiance)

피부에 빛과 윤기를 줌으로써 피부색을 밝고 환하게 만들어주는 화장품을 의미하며 비타민 A와 C, AHA와 BHA 등의 성분이 많이 함유되어 있다.

* 레티놀(retinol)

주름 개선과 노화방지 등에 탁월한 효과가 있는 것으로 알려진 순수 비타민 A. 생선 오일이나 달걀, 버터 같은 동물성 지방이나 당근, 시금치 같은 녹황색 채소에 많이 들어있다.

레티날이나 레틴산 등은 레티놀과 비슷한 '유사체'라고 불리며 레티놀 팔미테이트나 레티놀 아세테이트 등은 레티놀로 전환되기 한 단계 전의 물질로 레티놀 '유도체'라고 한다. 화장품에서 자주 거론되는 레티놀은 엄연히 말해서 순수 레티놀뿐 아니라 레티놀 유도체나 유사체를 모두 포함하는 넓은 의미로 사용되고 있다. 순수 레티놀은 공기 중의 산소나 열, 빛 등에 매우 민감한 성분으로 주로 비타민 A에서 추출한 안정된 형태의 유사체나 유도체를 사용해 왔으나 최근 들어 레티놀 안정화 기술이 개발되면서 순수 레티놀을 함유한 화장품이 등장하게 되었다. 따라서 레티놀 화장품을 고를 때는 효과와 함께 반드시 피부 안정성을 검증받은 제품을 선택하는 것이 좋다.

* 리페어(repair)

'복구하다, 회복시키다'라는 말처럼 외부 자극이나 유해 환경으로 인해 손상된 피부를 개선시킴으로써 본래의 건강하고 윤기있는 피부 상태로 회복시켜 주는 것을 의미한다.

아이 크림이나 피부 탄력 개선, 링클 제품 등 특수 기능성 화장품의 기능과 효과에 많이 사용된다.

* 리프팅(lifting)

'올리다, 들어올리다'라는 사전상의 의미처럼 처지고 늘어진 피부에 긴장감과 팽팽함을 부여함으로써 탄력있는 피부로 가꾸어주는 스킨 케어 요령.

처지고 주름진 눈가나 얼굴에 탄력을 주는 아이 케어 제품이나 페이스 크림 등이 여기에 속한다.

* 링클케어(wrinkle care)

레티놀, 비타민 E 등 주름 완화 및 방지, 노화 지연 등에 효과적인 성분을 함유한 특수 기능성 화장품과 이를 이용한 노화방지 스킨 케어.

＊ 마사지(massage)

피부에 손가락으로 적당한 압력을 가함으로써 피부의 혈액 순환과 신진대사를 촉진하고 건강하고 혈색 있는 피부로 가꾸어 주는 스킨 케어 방법. 부드러운 크림을 이용하여 손놀림하면 피부에 자극을 주지 않을 뿐 아니라 효과가 더욱 커지며, 특히 마사지 후 스팀 타월을 실시하면 마사지 효과가 커진다.

겨울철이나 건성 피부에 더욱 적합한 스킨 케어 방법이며, 두피관리를 위해서도 꼭 필요한 작업이다.

＊ 마스크(mask)

피부에 투명한 윤기를 되돌려주고 풍부한 영양과 수분을 공급해 주는 스킨 케어 제품으로 흔히 팩이라고도 한다.

사용방법에 따라 건조 후 떼어내는 필 오프(peel off) 타입, 물로 씻어내는 워시 오프(wash off) 타입, 티슈로 닦아내는 티슈 오프(tissue off) 타입, 그리고 사용뒤 그대로 흡수시키는 타입 등 종류가 다양하다. 또한 기능이나 효과에 따라서도 딥 클렌징 마스크, 보습 마스크, 비타민 마스크, 화이트닝 마스크 등 다양한 종류의 제품이 있다.

＊ 멜라닌(melanin)

자외선을 받은 피부가 피부 스스로를 보호하기 위해 만들어 내는 색소 세포. 피부와 모발에는 멜라닌 색소를 만드는 원료인 티로신이라는 아미노산이 들어 있는데, 자외선을 받게 되면 멜라노사이트라는 색소 세포 안에서 티로신을 원료로 멜라닌 색소를 생성함으로써 자외선으로부터 피부와 모발을 보호하는 것이다.

건강한 피부라면 이 멜라닌 색소가 표피층으로 올라온 다음 피부세포 생성주기에 따라 각질이 되어 떨어져 나가지만, 그렇지 못한 경우에는 멜라닌 색소의 일부가 표피에 남아 기미나 주근깨 등 잡티의 원인이 된다. 일반적으로 피부색이 검은 사람은 피부색이 흰 사람에 비교해 피부 자체에 멜라닌 색소를 많이 갖고 있다.

모발도 마찬가지로 서양인에 비해 동양인의 머리색이 검은 이유는 이 멜라닌 색소의 함유량이 많기 때문이다.

＊ 모이스춰라이징(moisturizing)

피부에 적절한 수분을 보충하고 유지함으로써 촉촉하고 건강한 피부로 가꾸는 스킨 케어 또는 그 과정에 사용되는 보습 케어 제품.

＊ 미네랄 워터(mineral water)

마그네슘과 칼슘, 나트륨 등 피부에 유익한 작용을 하는 여러 가지 순수 미네랄 성분을 함유한 광천수나 온천수 등 정제되지 않은 순수 자연에서 채취한 물로 최근 화장품의 원료로 사용되어 피부 진정과 자극완화, 피부 면역력 강화 등 여러 가지 유용한 작용을 한다.

＊ 민감성 피부(sensitive skin)

특정 화장품 성분이나 향수 등에 알레르기 반응을 보일 뿐 아니라 조그마한 자극이나 외부 환경의 변화에 민감하게 반응하는 예민한 피부. 세안 후 피부 당김이 있으며 대체로 피부색이 밝고 햇빛에 잘 타는 편이다.

피부가 다소 건조하고 투명하며 또한 약한 편으로 얼굴이 금방 빨갛게 달아오른다. 향이나 색소, 알코올 등 피부 자극을 유발할 수 있는 성분을 함유하지 않은 순한 제품을 사용하며, 특히 알레르기 테스트를 마친 제품을 선택하는 것이 좋다.

＊ 바하(BHA)

지성제품에 흔히 사용하는 실리신산(Salicylic acid) 성분인 Beta Hydroxy Acids의 약자로 AHA 성분과 밸런스를 맞출 수 있는 성분으로 손꼽힌다. 분자 구조가 커서 표피에만 작용하기 때문에 건조와 색소 침착의 문제를 해결해 주는 역할을 한다.

바로 이러한 점 때문에 피부 깊숙히 침투하는 AHA 성분과의 적절한 배합을 통해 세포재생 효과를 높힐 수 있다. BHA 성분은 지성피부에 침투가 용이해 모공 내 각질제거 효과가 뛰어나다.

＊ 비니거 린스(vineger rinse)

산성린스의 하나로 식초를 이용하여 린스하는 방법이다.

＊ 복합성 피부(combination skin)

지성피부와 건성피부의 특징을 모두 보이는 피부로 T존은 번들거림을, U존은 건조함을 자주 경험하게 된다. 따라서 피부 부위별 특성에 맞게 가가 피지 컨트롤과 수분 공급의 스킨 케어를 동시에 실시하는 것이 필요하다.

＊ 블랙 헤드(black head)

피지나 피부 노폐물 등이 모공 속에 쌓여 거뭇거뭇하게 보이는 것으로 피부 청결을 해치는 것을 물론 미관상으로도 좋지 않다.

먼저 스팀을 이용하여 모공을 연 다음 스크럽 제품과 페이셜 브러시를 이용하여 조심스럽게 제거해 주고, 피부에 물기가 없는 상태에서 함부로 짜지 않도록 주의한다.

* 비타민 B_1 혹은 티아민(thiamin)

탄수화물을 비롯한 단백질, 지방이 우리 몸에서 에너지로 사용될 때 반드시 필요한 비타민으로 총 에너지의 섭취량이 증가할수록 티아민의 권장량(0.5mg/ 1,000kcal)도 증가한다. 맥주, 효모, 돼지고기, 콩류와 곡류의 맥아 부분에 많이 함유되어 있으며 결핍시 피로 증상이 나타나기 쉽다.

* 비타민 B_2

빈혈 증상에 탁월한 효과를 발휘하며 특히 얼굴 색이 창백하다거나 안색이 좋지 않고 혓바닥이 붓는 등 빈혈로 야기되는 피부 문제 해결에도 뛰어난 작용을 한다.

* 비타민 C

피부의 피로 회복은 물론 화이트닝과 피부 개선에 탁월한 효과를 가진 미용 성분. 프리래디컬(유해산소 발생)을 억제하는 중요한 안티 옥시던트 성분으로 모세혈관의 흐름을 원활히 하고 콜라겐과 엘라스틴의 결합력을 튼튼히 해준다.

또한 자외선에 의한 홍반, 여드름, 지성피부관리에도 매우 효과적이다. 수용성 비타민으로 빛이나 열에 매우 약하기 때문에 비타민 C의 효과를 그대로 피부에 전달하기 위해서는 무엇보다 안정화 기술이 중요하다. 특히 화이트닝과 브라이트닝 제품의 주요 성분으로 사용되고 있으며 여러 가지 피부 유용 작용 때문에 화장품에 널리 사용되는 핵심 성분이다. 레몬·오렌지·자몽 등 감귤류와 사과·키위 같은 과일, 그리고 오이·고추·피망 등 녹색 채소에 많이 들어있다.

* 비타민 D

적절한 골격 형성, 혈청 중의 칼슘과 인의 농도를 정상적으로 조절하는 무기질 평형에 중요한 역할을 한다. 생선의 간유, 난황 등에 많이 함유되어 있으며 하루 햇빛을 15분 정도 쬐면 하루 필요량을 체내에서 합성할 수 있다.

특히 구루병이나 골연화증 같은 뼈로 인해 야기되는 질병에 탁월한 효과를 발휘한다. 또한 적당량의 햇빛은 비타민 D의 생성을 도와 피부에 이롭게 작용하지만, 과도한 자외선에의 노출은 노화나 건조 등 피부문제를 일으킬 수 있다는 사실을 잊어서는 안된다.

* 비타민 E

가장 중요한 지용성 황산화제로 피부노화를 일으키는 유해산소 발생 현상인 프리 래디컬(free radical)을 억제하는 효과가 뛰어나다. 프리 래디컬의 손상으로부터 세포막을 보호함으로써 노화를 방지해 줄 뿐 아니라 자외선으로 인한 표피 손상으로부터 피부를 보호하고 자극을 방지해주는 한편 피부의 수분 결합 능력을 개선시켜 줌으로써 건조로 인한 잔주름의 발생을 막아준다.

비타민 D와 마찬가지로 지용성 비타민에 속하며 영양 성분을 피부세포에 전달해 주는 역할을 한다. 비타민 E가 가장 많이 함유된 식품으로는 콩, 옥수수, 해바라기씨, 목화씨 등에서 얻는 식물성 기름과 이들의 가공 제품인 마가린과 쇼트닝을 들 수 있다.

* 비타민 K

잎이 무성한 녹색 채소에 다량 함유되어 있으며 과일, 우유, 육류, 곡류 등에 의해서도 공급된다. 또한 장내 박테리아(세균)를 통해서도 합성이 가능하다.

혈액의 응고를 도와주는 역할을 하며 신장에서 발견되는 특정한 단백질의 생합성에도 필요하다.

* 산성린스(acid rinse)

산성즙이나 초산을 물과 혼합하여 지나치게 알칼리화된 모발을 중성으로 만드는데 사용된다.

* 살리실산(salicylic acid)

각질 제거나 피지 제거 효과가 뛰어나기 때문에 여드름 피부나 지성피부를 위한 제품에 많이 사용되는 성분. 그러나 과도하게 사용하면 피부 자극을 유발할 수도 있으므로 주의한다.

* 선번(sun burn)

피부가 강렬한 자외선에 장시간 노출되면 빨갛게 되고 민감해지는 현상. 특히 여름철 바캉스나 레저 시 자주 발생하며 선크림 같은 자외선 차단 크림을 미리 발라 선번 현상을 막아주는 것이 중요하다.

선번 현상이 일어났을 때는 먼저 피부의 달아오름과 열기를 식혀주는 것이 좋으며, 피부가 민감해진 상태이므로 자극을 주지 않는 것이 좋다. 보통 피부색이 흰 사람이 멜라닌 색소가 적어 자외선에 대한 감수성이 높기 때문에 선번 현상이 발생할 확률이 더욱 높다.

* 선 스크린(sunscreen)

피부에 유해한 작용을 하는 자외선이 피부에 도달되는 것을 막아주고 보호해 주는 제품. 자외선 차단 기능을 가진 성분들을 함유한 선크림이나 파운데이션, 트윈 케이크 같은 제품들이 여기 속한다. sunblock이라고도 한다.

＊ 세럼(serum)

피부에 즉각적인 윤기와 촉촉함, 영양 등 유효 성분을 공급하는 농축 미용액이나 기능성 제품을 의미하며, 흔히 에센스와 같은 의미로 사용된다.

＊ 세범(sebum)

피지를 말한다. 적절한 피지 분비는 피부의 유·수분 밸런스를 조절하고 피부에 피지막을 형성하여 피부를 보호하지만 과도한 피지 생성은 피부 트러블이나 여드름, 모공 확대를 유발하므로 특히 지성피부는 세범 컨트롤 기능의 로션이나 메이크업 제품을 사용하는 것이 좋다.

＊ 센물(hard water)

칼슘, 마그네슘 등의 염류가 비교적 다량으로 함유된 물로 일반적으로 산화칼슘으로서 100mg/ℓ 이상을 함유하는 물을 말한다. 경수라고도 한다.

＊ 수딩(soothing)

바캉스나 레저 후 선번 현상으로 인해 달아오르고 자극받은 민감한 피부를 진정시키고 원래의 상태로 되돌리기 위한 스킨 케어. 먼저 얼음이나 찬물을 이용해 열기를 식힌 다음 몸에는 수딩 스프레이를 뿌리고 얼굴에는 차가운 토너를 화장솜에 적셔 올려놓는다. 특히 오이나 감자 같은 천연 재료를 이용하면 수딩 효과가 더욱 커진다.

＊ 스크럽(scrub)

클렌징 제품이나 각질 제거 제품 속에 들어 있는 미세한 알갱이를 이용하여 피부를 가볍게 문질러줌으로써 딥 클렌징 효과를 주는 스킨 케어 제품.

＊ 스파(spa)

원래 벨기에의 유명한 온천 마을의 이름에서 유래한 말로 물 좋은 자연 속에서 온천욕이나 뷰티 트리트먼트를 즐기는 휴양 시설을 의미한다. 스킨 케어와 함께 사우나, 헬스, 식이요법, 바디 마사지 등을 통해 혈액순환과 신진대사를 촉진시켜주며 긴장을 풀고 활력을 되찾을 수 있는 방법으로 각광받고 있다.

＊ 습윤성(wetting tendency)

젖기 쉬운 정도

＊ 식물유(vegetable oil)

식물의 종자, 과실, 핵, 배아 등을 원료로 얻어지는 유지

＊ 아로마테라피(aromatherapy)

향기(aroma)와 치료(therapy)가 결합된 말로 100% 순수한 아로마 에센셜 오일을 이용하여 신체와 정신의 질병과 증상, 피부 문제, 스트레스 등을 완화시키고 치료하는 자연 치유법.

＊ 아크네(acne)

과도한 피지 분비로 모공이 막히면서 생기는 여드름을 말한다. 아크네 제품은 여드름 피부에 자극을 주거나 여드름 생성을 유발하지 않으므로 여드름 피부에 사용하기가 적합하다.

＊ 아하(AHA)

아하는 Alpha Hydroxy Acids의 약자로 상한 우유나 과일에서 추출한 성분이며, 표피의 죽은 세포를 떨어져 나가게 하는 동시에 새로운 세포의 재생을 돕는 역할을 한다.

오렌지나 레몬 같은 감귤계는 물론 사과, 포도 등 주로 과일에 많이 들어있다. 각질 제거 제품이나 화이트닝, 레이디언스 제품 등에 주로 사용되는 성분이다.

그러나 지나치게 많은 양을 사용할 경우 오히려 피부를 민감하게 하거나 자극을 줄 수 있으므로 농도가 10% 이하인 제품을 사용하는 것이 좋다.

＊ 알칼리(alkaline)

pH가 7이상인 것

＊ 알코올(alcohol)

아스트리젠트나 토너의 베이스로 사용되며 클렌징 효과가 탁월하지만 자칫 피부를 건조하게 만들 수 있다.

＊ 알코올 프리(alcohol free)

토너에 알코올을 함유하지 않은 경우를 말하며 특히 건성 피부나 민감한 피부가 사용하기에 적합하다.

＊ 약용샴푸제(medicated shampoo)

두피보호와 문제성 모발을 위한 성분이 함유된 샴푸제

＊ 앰풀(ampoule)

화장품 유효 성분의 신선도를 최대한 유지시킴으로써 피부 효능과 효과를 극대화시키기 위해 제작된 특수 화장품 혹은 그 제품의 용기를 말한다. 원래 앰풀은 주사약 1회분들이의 작은 병을 의미하는데, 보통 화장품에서는 사용 직전에 내용물을 혼합하고 혼합 즉시 사용함으로써 특수 성분의 변질을 막고 신선도를 유지하는 것은 물론 피부의 효능, 효과를 극대화하기 위한 특수 프로그램 화장품의 각각의 낱개 제품을 말한다.

특히 프로그램 화장품은 갑작스런 환경 변화나 피로 등으로 피부노화가 실감될 때 사용하면 더욱 효과적이다.

* 에그샴푸(egg shampoo)

계란을 이용한 샴푸로서 손상된 모발이나 유분이 부족한 모발에 적합하다.

* 에몰리언트(emollient)

피부를 부드럽게 해주는 유연작용이 뛰어나 로션이나 크림 같은 보습제품에 많이 사용되는 미용 성분.

* 에멀션(emulsion)

피부에 적절한 수분과 영양을 공급해주는 영양 유액으로 부드러운 리퀴드 타입이며 흔히 로션이라고 한다. 토너로 피부결을 정돈한 다음 손바닥에 적당량을 덜어 얼굴에 골고루 펴 바른다.

* 에센스(essence)

'본질, 정수, 진수'라는 사전상의 본래 의미를 갖고 있는 에센스는 화장품에서는 피부에 유효한 여러 가지 미용 성분을 농축해 놓은 미용액을 의미한다. 피부에 충분한 수분과 영양을 공급, 촉촉하고 매끄러운 피부를 유지시켜 줄뿐만 아니라 노화방지와 탄력유지 등의 기능도 우수하기 때문에 흔히 '피부의 보약'으로 불린다.

특히 피부가 필요로 하는 영양 성분을 농축하여 함유하고 있기 때문에 적은 양으로도 즉각적이고 빠른 효과를 얻을 수 있다는 것이 장점이다. 또한 에센스는 단독으로 사용하여 미용효과를 얻는 것은 물론 다른 제품과 함께 사용함으로써 서로 그 효과가 상승되는 시너지 효과가 있다.

* 에스테틱(esthetics)

마사지, 스티밍, 각질 제거, 마스크 등 일련의 훼이셜 과정을 스킨 케어 전문가를 통해 받음으로써 깨끗하고 아름다운 피부로 가꾸기 위한 토탈 특수 스킨 케어를 지칭한다.

* 에스트로겐(estrogen)

여성 호르몬의 일종으로 신체는 물론 피부에 여러 가지 영향을 미친다. 특히 생리가 가까워지면 여성의 몸에서는 이 에스트로겐과 남성 호르몬의 일종인 프로게스테론(progesteron)이라는 호르몬이 분비되는데, 이로 인해 피지 분비가 증가되고 모공이 확장되면서 평소에는 없던 여드름이 생기기도 하고 이유 없이 얼굴이 붉어지는 안면 홍조 현상을 보이기도 한다.

＊ 오일 프리(oil free)

에멜션 같은 영양 유액 혹은 메이크업 베이스나 파운데이션 등의 제품에 오일을 베이스로 사용하지 않았다는 것을 의미한다. 특히 피지 분비가 많은 지성피부의 경우에 적합하며, 메이크업 제품의 경우 지속력이 우수한 장점이 있다.

＊ 유화(emulsification)

서로 용해되지 않는 두 액체의 한쪽이 미립자가 되어 다른 쪽 액체 중에 분산하여 에멀젼을 생성하는 현상

＊ 음이온계면활성제(anionic surface active agent)

수중에서 이온화하여 계면활성을 나타내는 부분이 음이온인 계면활성제

＊ 자외선(ultra violet rays)

기미나 주근깨 같은 잡티는 물론 주름과 건조 등 피부노화를 촉진시키는 강력한 피부 유해 요소. 심하면 피부암까지 유발할 수 있다. 특히 자외선 A와 B가 피부에 나쁜 영향을 미치며 오존층 파괴로 그 폐해가 더욱 심각해지고 있다. 따라서 자외선으로부터 피부를 보호하기 위해서는 자외선 차단 제품의 사용을 사계절 생활화하며 특히 자외선의 강도가 높은 여름철이나 자외선에의 노출이 많은 야외 활동 시에는 양산이나 모자, 선글라스 등을 적절히 이용하는 것이 현명하다.

피부를 태우는 UV-B(280~320nm)와 피부에 화상을 입히는 UV-A(320~400nm)가 인체에 영향을 미친다. 각막을 손상시키고 염색체 변이를 일으키며 단세포 생물체를 사멸시키는 UV-C는 오존층에서 흡수된다. 따라서 오존층 파괴는 심각한 폐해를 유발할 수 있다.

＊ 자외선 차단지수(sun protection factor : SPF)

피부가 자외선에 노출되었을 때 자외선으로부터 피부를 보호할 수 있는 시간의 정도를 수치로 나타낸 것. SPF 1은 보통 자외선으로부터 10~15분간 피부를 보호해 준다는 것을 의미한다. 따라서 자외선 차단 제품은 시간에 맞게 계속 덧발라주는 것이 올바른 사용 요령이다.

* 중성피부(normal skin)

가장 균형잡히고 이상적인 피부로 피부 톤은 중간이거나 혹은 약간 밝은 편이다. 클렌징 후에는 볼 부위가 약간 당기기는 하지만 심하지 않으며 햇빛에 노출되면 쉽게 달아오르거나 검게 타는 경우가 많다.

그러나 자칫 피부관리에 소홀하면 지성이나 건성 등의 피부로 바뀔 수 있으므로 항상 꾸준한 관리가 필요하다.

* 중화(neutralization)

산과 알칼리가 반응하여 염을 생성하는 반응. 지방산과 알칼리에 의한 비누 생성반응을 가리키는 수도 있다.

* 지방(fat)

유지 중 상온에서 고체인 것. 또 상온에서 액체의 지방유를 함유한 유지와 동의어로 사용되기도 한다.

* 지방산(fatty acid)

카르복실기를 1개 가진 카르본산의 총칭. 좁은 의미로는 천연유지를 구성하는 긴 사슬의 모노카르본산을 말한다.

* 지성피부(oily skin)

피지 분비가 많아 세안 후 한 시간 후면 얼굴이 번들거리며 메이크업 또한 쉽게 지워진다. 피부색은 대체로 어두운 편이며 피부 트러블이 자주 발생한다. 피부에 탄력이 있기 때문에 상대적으로 주름이 덜 생기는 편이다. 검은 여드름을 자주 경험한다. 과도한 피지 생성을 막아주는 피지 컨트롤 제품이나 피부에 부담을 주지 않는 가볍고 산뜻한 젤 타입, 혹은 오일 프리 타입의 제품을 사용하는 것이 좋다.

* 천연보습인자(Natural Moisturizing Factor, NMF)

피부 표면에는 수분을 저장하는 능력을 가지고 있는데, 이는 바로 피부 표면에 수분을 끌어들이는 단백질 성분을 가진 천연보습인자(NMF)에 의해 이루어진다. 표피의 각질층에 자리하고 있는 이 천연 보습인자는 세포간 지질 내의 유분에 둘러싸여 있으며 표피의 수분 증발을 억제하는 역할을 한다.

각질층의 천연보습인자는 노화, 외부 자극, 잘못된 세안 등으로 손실될 수 있으며 이로 인해 피부는 건조함을 느끼게 된다. 따라서 천연보습인자와 동일한 성분이 함유되어 있는 보습 제품을 통해 수분 손실을 보충하고 촉촉한 피부 상태를 유지시켜 주어야 한다.

＊ 친수성(hydrophily)

물에 친화성을 나타내는 성질이다.

＊ 친유성(lipophilicity)

기름에 친화성을 나타내는 성질이다.

＊ 친화성(affinity)

화학약품과 물질사이의 흡인력이다.

＊ 침투(penetration)

액체가 피부, 종이, 섬유 등 조직 내부로 들어가는 현상이다.

＊ 컨디셔닝 샴푸제(conditioning shampoo)

모발의 다공성과 장력강도를 향상시키는 광물 또는 식물성, 동물성 첨가제가 조금 들어가 있는 샴푸제.

＊ 콜라겐과 엘라스틴(collagen, elastin)

피부세포의 결합을 도와주는 교원섬유와 탄성섬유로 스프링과 같은 역할을 한다. 수분을 붙잡고 있는 역할을 함으로써 피부 탄력을 유지해 주는 콜라겐과 엘라스틴이 건조나 자외선 등 여러 가지 유해 요인으로 그 생성이 감소하거나 결합력이 약화되면 피부는 탄력을 잃고 늘어지며 노화가 가속화된다.

＊ 큐티클(cuticle)

머리카락의 가장 바깥쪽에 위치하는 모표피 세포를 지칭한다. 또는 감피라고도 하며 손과 손톱 안쪽의 경계를 이루며 붙어있는 엷은 껍질을 말한다.

＊ 턴오버(turn over)

진피층에서 만들어진 새로운 세포가 각질층까지 올라온 다음 죽은 세포가 되어 떨어져 나가는 피부세포 재생과정으로 보통 28일을 주기로 이루어진다.

이처럼 피부는 28일을 주기로 자연탈락하지만 노화나 외부 유해환경, 신체적 이상 등에 의해 두터워진 피부 각질층이 정상적인 턴 오버 작용을 발휘하지 못하고 이로 인해 떨어져 나가야 할 죽은 각질 세포들이 피부에 계속 쌓이게 되면 피부 톤이 어둡고 칙칙해질 뿐만 아니라, 피부 신진대사가 원활하지 못하게 됨으로써 화장품 등의 유용 성분의 흡수를 방해하는 것은 물론 기미와 주근깨 등의 잡티도 심화된다. 따라서 정상적인 턴 오버 작용이 일어나지 못할 때는 각질 제거 제품을 이용하여 죽은 각질 세포를 제거해 주는 스킨 케어 과정이 필요하다.

＊ 탈지력(degreasing power)

고체표면에 부착한 유류를 제거하는 능력이다.

＊ 토너(toner)

클렌징과 세안으로 건조하고 거칠어진 피부를 산뜻하게 정돈하고 진정시켜 주는 동시에 촉촉함을 부여해 주는 화장수. 세안 후 적당량을 화장 솜에 묻혀 얼굴 안쪽에서 바깥쪽으로 가볍게 닦아내듯 얼굴에 골고루 발라주고 건조함이나 화끈거림이 느껴질 때는 화장솜에 충분량을 적셔 원하는 부위에 10분 정도 올려놓으면 피부가 한결 촉촉해지고 즉각적으로 정돈된다.

＊ 티존(T zone)

이마, 코, 턱 등 피지 분비가 상대적으로 많아 번들거림이 심하고 화장 또한 쉽게 지워지는 부위를 말한다.

＊ 파우더 드라이 샴푸(powder dry shampoo)

드라이 샴푸의 일종으로서 탄산마그네슘, 붕산, 모래 등의 파우더를 사용하여 행하는 샴푸.

＊ 팩(pack)

피부 표면에 얇은 막을 형성하여 일시적으로 외부공기와 차단시킴으로써 단시간 내에 피부에 효과적인 여러 가지 작용을 하는 스페셜 스킨 케어의 한 과정. 팩으로 인해 피부 표면의 수분 증발이 억제되는 동안 피부 온도가 상승하여 발한 작용이 왕성해지면서 모공 속에 끼어 있는 노폐물이 팩에 흡착되어 함께 떨어져 나옴으로써 모공 속 더러움과 죽은 각질을 제거하는 딥 클렌징 효과로 청결하고 깨끗한 피부로 가꾸어준다.

또한 팩에 의해 일시적으로 외부와 차단된 피부는 표면의 수분 증발이 억제되므로 각질이 부드러워지고 팩의 여러 가지 보습 성분이나 영양 성분을 흡수하기 쉬운 상태가 되어 피부를 부드럽고 촉촉하게 가꿀 수 있다. 그리고 팩이 건조되면서 긴장감이 생기므로 피부에 탄력을 부여할 뿐 아니라, 피부의 혈액순환과 신진대사를 촉진시켜 피부 기능을 활성화시키므로 지치고 피로한 피부를 회복시키는데도 효과적이다.

＊ 퍼밍(firming)

'단단하게, 견고하게, 탄력있게'라는 의미처럼 여러 가지 피부 유용 성분의 작용으로 여성의 피부 고민인 주름, 눈과 목 부위의 처짐 등 탄력 상실 문제를 집중적으로 개선, 관리해 주는 탄력 전문 스킨 케어와 제품을 의미한다.

*** 포어 케어(pore care)**

모공은 피부 표면에서 땀과 피지를 방출하는 중요한 통로의 역할을 한다. 그러나 과도한 피지 분비로 모공이 확대되면서 다시 확대된 모공을 통해 피지 분비가 더욱 많아지는 악순환이 반복되기 때문에 특히 지성피부나 복합성피부, 그리고 노화된 피부의 경우는 특별히 모공 케어에 많은 관심을 기울여야 한다.

포어 케어는 바로 이처럼 과도한 피지 분비나 노화 등으로 인해 확대된 모공을 축소시키고 관리해주는 스킨 케어다. 모공 확대는 피부를 거칠어지게 할 뿐 아니라 아름다운 피부결을 방해하므로 머드 성분의 딥 클렌징 마스크를 통해 모공의 청결을 유지시키는 한편, 모공 축소 기능의 특수 제품을 사용하여 모공이 더 이상 확대되지 않도록 세심하게 관리해 주어야 한다.

또한 세안시 마지막 헹구는 물은 반드시 찬물을 이용하여 패팅(patting)해 줌으로써 모공을 긴장시켜 주고 세안 후에는 토너를 발라 수렴 효과를 부여해 준다. 특히 최근 들어 모공에 대한 여성들의 관심이 커지면서 피지를 컨트롤해 주는 제품뿐 아니라 확대된 모공을 조여주고 축소시켜 주는 기능성 제품들이 많이 선보이고 있다.

*** 프레 샴푸(pre shampoo)**

pre란 '-전에'라는 뜻으로 화학적 시술을 하기 전에 행하는 샴푸를 말한다.

*** 프로텍팅(protecting)**

건조, 자외선, 공해 등 유해한 외부환경으로부터 피부를 보호하고 지켜주는 스킨 케어 혹은 그 과정을 도와주는 제품을 의미한다.

*** 프리 래디컬(free radical)**

유해산소를 발생시키는 분자의 일종으로 피부노화의 최대 적이라 할 수 있다. 자외선, 오존, 방사능 등의 외부 환경과 접촉했을 때 피부 내부의 단백질과 결합하여 피부를 손상시킨다.

최근에는 이런 프리 래디컬 현상으로 인해 피부노화가 촉진되는 것을 막는 안티 프리 래디컬 성분을 함유하고 있는 제품들이 많이 선보이고 있으며 특히 비타민 C는 프리 래디컬 억제에 탁월한 효과를 발휘한다.

*** 플레인 샴푸(plain shampoo)**

다른 어떤 제품도 사용하지 않고 물로서만 행하는 샴푸

*** 필링(peeling)**

원래 '허물을 벗겨낸다'는 뜻으로 피부학적인 측면에서는 피부를 문질러 죽은 각질 세포를 벗겨냄과 동시에 유익한 자극을 주어 모세혈관의 혈액순환을 원활하게 하고 세포 재생을 촉진시켜 주는 것을 의미한다.

*** 하이드로(hydro) 또는 하이드레이팅(hydrating)**

'물' 혹은 '수소'라는 의미를 내포하고 있는 것처럼 풍부한 모습 성분의 함유로 피부가 필요로 하는 수분을 즉각적이고도 지속적으로 공급, 유지함으로써 늘 촉촉하고 건강한 피부로 가꾸어주는 보습제품을 의미한다.

*** 화이트닝(whitening)**

자외선으로부터 피부를 보호하는 동시에 기미나 주근깨 같은 잡티를 예방, 혹은 완화시키거나 어둡고 칙칙한 피부 톤을 하얗고 깨끗하게 가꾸기 위한 미백 케어.

자외선의 유해 작용과 오존층 파괴로 인해 사계절의 스킨 케어로 자리매김하게 되었으며 특히 비타민 C와 알부틴, 고직산, 상백피(뽕나무 추출물) 등의 미용 성분이 화이트닝에 효과적인 것으로 알려지고 있다.

찾아보기

INDEX

참고문헌

1. Color Design Pivot Point INT'L INC
2. competency in cosmetology
   -ANTONY B, Colletti 저, Keyston publishing
3. 모발 관리학, 김경순 외, 청구문화사, 1999.
4. 퍼머넌트웨이브 및 헤어컬러링, 김경순 외, 청구문화사, 1999.
5. 미용생화학, 하병조, 형설출판사, 1991.
6. 모발진단크리닉, 정훈, 도서출판 에스코, 1999.
7. 모발미용학, 곽형심, 정문각, 1997.
8. 모발미용학, 이원경, 청구문화사, 1998.
9. 모발생리학, 김한식, 현문사, 1997.
10. 모발과학, 이의수, 현문사, 1998.
11. 미용학개론, 황희순, 청구문화사, 1999.
12. 뷰티디자인과 색채학, 이영애 외, 청구문화사, 2000.
13. ART of WAVE, 곽형심 외, 청구문화사, 2000.
14. 헤어퍼머넌트 웨이브, 류은주, 청구문화사, 1999.

자료제공

1. 주) 다모생활건강
2. 주) 아모스 프로페셔널
3. 로레알
4. 피토(PHYTO)

- 집필진 -

전선정(강릉영동대학교) 유경원(강릉영동대학교) 강미영(수성대학교) 곽형심(동원대학교) 권태신(전주기전대학교)
김미강(안동과학대학교) 김미선(제주관광대학교) 김미정(대구보건대학교) 문승현(전남과학대학교) 안현경(동남보건대학교)
유현주(원광보건대학교) 윤복연(동서울대학교) 윤수용(마산대학교) 이대천(부산과학기술대학교) 이부형(창원문성대학교)
이수경(구미대학교) 이혜정(명지전문대학교) 이효숙(전주비전대학교) 장미라(목포과학대학교) 전현진(호남대학교)
정년구(선린대학교) 정숙희(경남정보대학교) 장미여(서영대학교) 하성현(정화예술대학교) 황 현(오산대학교)

Shampoo & Treatment

2000년 8월 20일 초판발행
2009년 3월 10일 제2판발행
2015년 8월 30일 제3판발행

지은이 : 대한미용교육연구회
펴낸이 : 이상태
펴낸곳 : 청구문화사
주 소 : (03706) 서울특별시 서대문구 성산로11길 15
전 화 : 02-332-0541(代)
전 송 : 02-337-9577
등 록 : 1990년 11월 2일 제9-247호

가격 25,000원
ISBN 978-89-5616-669-8 93590